Hans Joachim Fröhlich

Wege zu alten Bäumen

Band 2 – Bayern

Kuratorium
»Alte liebenswerte Bäume
in Deutschland« e.V.
Wiesbaden

WDV Wirtschaftsdienst

Gestaltung: Studio WDV.
Fotos: Hans Joachim Fröhlich
Gesamtherstellung:
WIDI-DRUCK, Offenbach.
ISBN: 3-926181-09-5
Kartengrundlagen:
Topographische Übersichtskarte
1:200000, CC 7926, CC 8742,
CC 6326, CC 6334, CC 7142,
CC 6318, CC 8726, CC 7934,
CC 7126, CC 7942, CC 7134
und CC 8734.
Wiedergabe mit Genehmigung des
Bayr. Landesvermessungsamtes
München Nr. 8254/90.
Topographische Übersichtskarte
1:200000, Blatt CC 7118 Stuttgart-Nord bzw. Blatt CC 8718 Konstanz.
Mit Genehmigung des Instituts für Angewandte Geodäsie, Frankfurt am Main, Nr. 30/90.

Bäume auf nicht öffentlich zugänglichem Privatgrundbesitz bedürfen bei Besichtigung der Zustimmung des Eigentümers.
* Weist darauf hin, daß das Baumalter durch Messung bestimmt wurde.

Titelbild: Große Linde bei Teuchatz, siehe Nr. 92.

Über dieses Buch

Der Wald ist zu jeder Jahreszeit ein Erlebnis für Wanderer und Spaziergänger. Ganz besonders faszinierend bei diesen Begegnungen können alte Bäume sein. Es kann ein Abenteuer sein, diese mehrhundertjährigen oder gar ein Jahrtausend alten Bäume aufzuspüren und ihrer Geschichte nachzugehen. Dieses Buch soll Ihnen dazu Anregungen geben.
Die hier aufgeführten Bäume sind von Norden nach Süden numeriert, jeweils getrennt nach Regierungsbezirken, Landkreisen und kreisfreien Städten. Darüber hinaus wurden aus dem umfangreichen Katalogwerk zehn Bäume exemplarisch ausgewählt und ausführlich beschrieben. Das zugehörige Kartenwerk hilft außerdem bei der individuellen Gestaltung von Wanderungen, Spaziergängen und Radtouren.
Sollten Fragen offen bleiben, so wenden Sie sich an die Schutzgemeinschaft Deutscher Wald mit ihren zahlreichen Kreis-, Bezirks- und Ortsverbänden. Auch die Forstämter helfen gerne.

Ansprechpartner sind

Schutzgemeinschaft
Deutscher Wald
– Landesverband Bayern –
Ludwigstraße 2
8000 München 22
Telefon: 089/284394
oder
Kuratorium
Alte liebenswerte Bäume
in Deutschland e.V.
Wandersmannstraße 60
6200 Wiesbaden
Telefon: 0611/711471.

Inhaltsverzeichnis

10 **Der Baum als Symbol**
14 **Markante Bäume Bayerns**
18 **Zehn Baumgeschichten**
18 Tausendjährige Eiche in Bad Brückenau
19 Tausendjährige Eiche bei Schloß Nagel
21 Kasberger Linde
22 Tausendjährige Linde in Effeltrich
24 Wolframslinde in Ried
26 Bäume auf dem Ruckowitzschachten bei Zwiesel
27 Tausendjährige Edignalinde in Puch
29 Tassilolinde bei Wessobrunn
30 Zirbe am Schachenschlößchen
32 Eibe oberhalb Balderschwang

34 **Katalogteil mit Karten**
34 **Übersichtskarte Bayern**

Regierungsbezirk
38 **Unterfranken**
38 Rhön-Grabfeld
40 Bad Kissingen
47 Haßberge
48 Schweinfurt
49 Main-Spessart
52 Aschaffenburg
55 Miltenberg
56 Würzburg
59 Kitzingen

Regierungsbezirk Oberfranken 61
Kronach 61
Coburg 64
Hof 68
Lichtenfels 69
Kulmbach 72
Bayreuth 73
Bamberg 78
Forchheim 80
Wunsiedel 82

Regierungsbezirk Mittelfranken 84
Erlangen-Höchstadt 84
Neustadt-Bad Windsheim 85
Ansbach 88
Roth 91
Nürnberger Land 94

Regierungsbezirk Oberpfalz 101
Tirschenreuth 101
Neustadt a. d. Waldnaab 104
Amberg-Sulzbach 105
Schwandorf 107
Cham 110
Neumarkt i. d. Oberpfalz 112
Regensburg 113

Regierungsbezirk Niederbayern 114
Regen 114
Straubing-Bogen 116

118 Kelheim
120 Landshut
121 Deggendorf
122 Freyung-Grafenau
125 Passau
126 Rottal-Inn

Regierungsbezirk
128 **Oberbayern**
128 Eichstätt
130 Ingolstadt
131 Neuburg-Schrobenhausen
131 Pfaffenhofen
135 Erding
139 Mühldorf
141 Traunstein
144 Berchtesgadener Land
147 Rosenheim
149 Ebersberg
152 München
152 Dachau
155 Fürstenfeldbruck
156 Landsberg a. Lech
157 Weilheim-Schongau
159 Garmisch-Partenkirchen
161 Bad Tölz-Wolfratshausen
163 Miesbach

Regierungsbezirk Schwaben 168
Donau-Ries 168
Dillingen a. d. Donau 171
Augsburg 173
Aichach-Friedberg 174
Günzburg 174
Neu-Ulm 175
Unterallgäu 177
Oberallgäu 178
Lindau 183
Ostallgäu 184

Parks und Gärten in Bayern 188
Hilfe für alte Bäume 196
Ortsregister 198
Literaturhinweise 203

Der Baum als Symbol

Baumrecken zwingen Ehrfurcht ab und lassen Geschichte lebendig, Gegenwart wichtig und Zukunft lebenswert erscheinen. Sie können Freunde des Menschen werden, uns viel sagen, vor allem Natur und Schöpfung uns nahebringen, zum Nachdenken anregen, die Alltagshektik dämpfen und zudem auch Freude ausstrahlen und Lebensmut geben. Alte Bäume sollen auch Mahner sein, die Gesetze der Natur zu erkennen und zu wahren und das Leben nicht nur unter technischen oder materiellen Aspekten zu sehen. Sie sollen uns Kraft und Hoffnung geben, die Zukunft zu meistern, das Spannungsfeld zwischen Ökonomie und Ökologie in Einklang zu bringen, mit Tatkraft nach vorne zu wirken, frei vom Augenblick mit guten Zielen und Wegen.

Schließen wir uns Hermann Hesse an:

»Bäume sind Heiligtümer. Wer mit ihnen zu sprechen, wer ihnen zuzuhören weiß, der erfährt die Wahrheit. Sie predigen nicht Lehren und Rezepte, sie predigen, um das einzelne unbekümmert, das Urgesetz des Lebens.«

Freunde brauchen die Bäume mehr denn je, da der Wald unter der Unvernunft des Menschen leidet und mancherorts schon stirbt. Vielleicht gibt es schon bald keine Baumveteranen mehr, jene mächtigen, starken Gestalten, die jahrhundertelang Sturm, Regen, Eis und Hitze getrotzt haben und nun in ganz kurzer Zeit von dem Ausstoß der Fabriken, Heizkraftwerke, unserer Häuser und Autos krank werden.

Man muß mit Kurt Tucholsky fragen:

»Ein alter Baum ist ein Stückchen Leben. Er beruhigt. Er erinnert. Er setzt das sinnlos heraufgeschraubte Tempo herab, mit dem man unter großem Geklapper am Ort bleibt. Und diese alten Bäume sollen dahingehen, sie, die nicht von heute auf morgen nachwachsen? Die man nicht ›nachliefern‹ kann?«

Einen alten Baum kann der Mensch nicht ersetzen. Seine Persönlichkeit wurde in Jahrhunderten geprägt und entsteht nie wieder. Häuser, Schlösser oder auch Dome lassen sich rekonstruieren. Ein Baum läßt sich nicht zwingen und auch bei bester menschlicher Technik nicht wieder aufbauen.

Heilige Bäume

In Heiligen Bäumen werden Gottheiten verehrt und die Beziehungen zu ihnen aufgenommen. Ein solcher Baum wird bereits 2000 Jahre vor Christus im Gilgamesch-Epos als Zeder beschrieben. Buddha liebte den Feigenbaum, unter dem er geboren und später erleuchtet wurde, Gott Zeus war mit der Eiche und seine Frau Hera mit dem Granatapfel, Apollo mit dem Lorbeer und Artemis mit dem Nußbaum verbunden.

Gerichtsbaum

Jahrhundertelang wurde in Deutschland unter Bäumen gerichtet. Der meist verbreitete Gerichtsbaum war die Linde, in der die Göttin Freia mit der Kraft der Weissagung lebte. Auch die Eiche wurde als Gerichtsbaum ausgewählt, oft in anderen Gegenden oder zu anderen Gerichten.

Maibaum

Richtbaum

Heute noch gebräuchlich sind der Maibaum – Erwachen der Natur und Fruchtbarkeit, der Richtbaum – Segen für das Haus, der Christbaum – Weihnachtssymbol und der Tanz- oder Dorfbaum als Zeichen der Gemeinschaft. Immer erhoffen die Menschen sich Kraft, Zuversicht und Freude von ihren ausgewählten Bäumen.

In zahlreichen Kulturkreisen haben Bäume eine besondere Symbolkraft. In den Mythen fast aller Völker verkörpert der Weltenbaum das Sinnbild des ewigen Lebens und verbindet Himmel und Erde und Unterwelt – Weltesche Yggdrasil der Edda des 13. Jahrhunderts.

Weltenbaum

Der Lebensbaum umfaßt den gleichen mystischen Kreis – Unsterblichkeit, Jugend, Gesundheit – und tritt in zahlreichen Gestalten auf: in der assyrischen Kunst als Lotos oder Pinie, in Ägypten als Dattelpalme oder in Indien als Palme. Beim Christentum wächst er inmitten des Gartens Eden – Bibel Gen. 2/16. Neben ihm steht der Baum der Erkenntnis, der die Polarität von Gut und Böse, Leben und Tod oder Mann und Frau verkörpert.

Lebensbaum

Baum der Erkenntnis

Markante Bäume Bayerns

Die Wälder Bayerns stellen sich in einer erfreulichen Vielfalt dar. Man findet fast alle Wald- und Baumtypen Mitteleuropas: Es gibt die Auewälder in den Flußauen – besonders interessant sind die des Donautals –, die Wälder der ebenen Lagen (z. B. der Münchener Schotterebene oder der Hohenloher Ebene) oder die Wälder des Hügellandes mit vielseitigem Grundgestein (z. B. den Spessart mit seinen herrlichen Laubwäldern und seinen alten Eichen). Bemerkenswert sind auch die Wälder der Mittelgebirge wie die des Bayerischen Waldes, des Jura, des Frankenwaldes, des Fichtelgebirges und schließlich der abwechslungsreiche Wald des Hochgebirges.
An der Spitze der Baumarten steht die Fichte mit 48% der Waldfläche, ihr folgt die Kiefer mit 23%. Die Tanne ist besonders in den Mittel- und Hochgebirgslagen vertreten und erreicht einen Anteil von 2%. Die Laubbaumarten treten hinter den Nadelhölzern erheblich zurück und kommen insgesamt auf einen Anteil von 25%. Davon entfallen 14% auf die Buche, 5% auf die

Eiche und 6% auf die übrigen Laubbaumarten.
Auf 35,8% der Landesfläche von 7 Millionen Hektar stockt der Wald mit 2,5 Millionen Hektar und verteilt sich auf Privatwald zu 54,4%, Körperschaftswald zu 13,4%, Staatswald zu 30,3%, übriger Waldbesitz zu 1,9%. Auffallend ist der hohe Anteil an Mischwald, vor allem an Nadelholzmischwald. 400000 private Waldbesitzer, meist Landwirte, teilen sich den großen Privatanteil, der über das ganze Land verstreut ist, während der Staatswald sich auf Hoch- und Mittelgebirge konzentriert.
In Bayern wurde bereits 1368, also mehrere Jahrhunderte vor Beginn der geregelten Forstwirtschaft, die Aussaat von Kiefern-, Tannen- und Fichtensamen entwickelt und in weite Teile der Welt übertragen. Dies mag ein Grund dafür sein, daß Bayern noch über viele alte Bäume verfügt. Viele Dörfer haben sich »ihren« alten Baum bewahrt, meist im Zentrum auf dem Dorfplatz, häufig auch außerhalb der Ortschaften an Gerichts- und Versammlungsorten. Regional kon-

zentriert, vor allem in Franken, findet man eine Häufung von Tanzbäumen, deren Etagenkronen ausgebreitet wurden, um den Kapellen oder den Tanzpaaren Platz zu schaffen. Oft werden sie heute noch genutzt, so wie vor hundert Jahren.
Viele alte Bäume findet man in den zahlreichen privaten und staatlichen Schloßparks. Auch alte Klöster und Kirchen haben Baumveteranen bewahrt. Hierzu gehören die frühen Pflanzungen zum Schutze einzelstehender Kapellen und Marterln.
Traditionsgemäß häufen sich alte knorrige, meist fruchttragende Bäume in den alten Jagdrevieren. Sie dienten als Futterquellen für das Wild, waren Treffpunkte der Jäger und Treiber.
In Bayern gibt es ein paar ganz besonders alte Bäume, die über 1000 Jahre, vielleicht sogar über 2000 Jahre alt sind. Niemand wird das exakte Alter je feststellen können, weil der Stamm hohl ist und die Jahrringe sich nicht mehr darstellen. Sie haben aber so ausgeprägte Formen, daß man nur ehrfürchtig vor ihnen stehen kann. Oft stützen sie sich nur auf

der Rinde ab (Kasberger Linde, Nr. 99) oder bilden nur noch einen Stumpf, aus dem Zweige mit Blättern und Blüten (Hüter des Feldes, Nr. 70) ausschlagen. Vielfach haben sie ihren Trotz in Beulen, Gesichtern und Köpfen gestaut (Wolframslinde in Ried, Nr. 167). Oft sind sie von Sturm, Wetter und Kälte gebeutelt, so daß der Stamm gefurcht und aufgespalten wurde und Einzelteile wie fremde Wesen nebeneinander aufwachsen (Tassilolinde in Wessobrunn, Nr. 277). Etwas Besonderes stellen auch die uralten Eiben dar, deren Erdstamm schon so aufgelöst ist, daß die verbliebenen Teile wie zwei Bäume nebeneinander aufwachsen (Eibe oberhalb Balderschwang, Nr. 324).

Zehn Baumgeschichten

Tausendjährige Eiche in Bad Brückenau

Majestätische Gäste brachten der Traubeneiche im Kurpark zu Brückenau den Namen »Königseiche« ein. Der bayerische König Ludwig I., sein berühmter Enkel, der Bayernkönig und Kunstliebhaber Ludwig II., ebenso wie zahlreiche Monarchen aus dem Ausland erwiesen dem mächtigen Baum ihre Reverenzen. Doch nicht nur die blaublütigen Besucher erfreuten sich an diesem Baum, auch den übrigen Kurgästen war er ein beliebter Fest-, Spiel-, Tanz- und Ruheplatz. Über 100 Sitzplätze konnten unter dem Baum aufgestellt werden, der mit seinem Kronendurchmesser von 45 Metern eine Fläche von 1500 Quadratmetern überschirmte. Vier Meter über dem Boden breitet der Baum waagerecht seine Äste aus, von denen jeder so stark ist, daß er eine einzelne Eiche sein könnte.
Der Baum hatte um die Jahrhundertwende einen Stammumfang von 5,30 m und eine Höhe von 22 m. Bis in die Gegenwart vergrößerte sich der Umfang sogar auf 6,60 m, allerdings ist der Baum in seiner Höhe nicht mehr gewachsen. Heute ist der Stamm

hohl, der Kronendurchmesser beträgt nur noch 35 m, und die mächtigen Äste müssen abgestützt werden. Man gönnt der betagten Eiche Ruhe, und wenn auch keine Feste unter ihrem Blätterdach mehr gefeiert werden, so ist sie doch nach wie vor ein Prunkstück im Kurpark zu Brückenau.

Katalog-Nr.: 20

Tausendjährige Eiche bei Schloß Nagel

Die heutige B 85 war einmal die alte Landstraße von Berlin nach München, die vor dem Bau der Autobahn von der Reichshauptstadt in die Bayerische Metropole führte. Dazwischen war sie eine etwas traurige bayerische Provinzstraße, die kurz hinter Ludwigstadt an der Zonengrenze ein jähes Ende nahm. Heute gewinnt sie ihre alte Funktion als Nord-Süd-Verbindung für solche, die es nicht so eilig haben, zurück. Und für solche lohnt es sich, etwa sieben Kilometer südlich von Kronach bei Oberlangenstadt die Hauptstraße zu verlassen und nach Nagel abzuzweigen.
Dort steht hinter dem Schloß Nagel, seit 1625 im Besitz der Barone von Künsberg, eine tau-

Katalog-Nr.: 59

sendjährige Eiche. Neben ihr sieht das Schloß aus dem 15. Jahrhundert geradezu jugendlich aus. Der Baum wirkt mitten im Wald gewaltig. Kein Wunder, bei einem Stammumfang von 9 m, einer Höhe von 33 m und einer Krone von 25 m. Je nach Beleuchtung hat der Baum etwas monströs Unheimliches an sich, die gewaltigen Wurzeln kommen dem Betrachter wie erstarrte Lava entgegen.
Schon zu Zeiten Karls des Großen (768-814) wurde an der Stelle, an der dieser urige Baum steht, Gericht abgehalten. Da nur mächtige Bäume diesem Zweck dienten, müßte er schon um diese Zeit über 100 Jahre alt gewesen sein. Gut 1200 Jahre wäre dieser Baum demnach heute alt.

Kasberger Linde

Die Kasberger Linde ist ein wissenschaftliches Phänomen: Sie lebt praktisch ohne Stamm, völlig hohl, nur von ihrer Rinde. Der Schaft dieses zerklüfteten Baumes ist stark nach Westen geneigt, wird mit Eisen geklammert und abgestützt und trägt dennoch an seiner Spitze gut belaubte, kräftige Äste.
Die Linde ist heute einer der berühmtesten Bäume Deutschlands, und dabei hatte man eigentlich schon im 13. Jahrhundert damit gerechnet, daß ihre Tage gezählt sind. Damals nämlich hatte der Landrichter von Auerbach zu Kasberg »bei der noch stehenden Linde« unter freiem Himmel Gericht gehalten, wie wir aus alten Überlieferungen erfahren. Diese Formulierung verrät, daß der Baum schon damals stark beschädigt gewesen sein muß. Genaueres über den Zustand der Linde erfahren wir jedoch erst 1850 in der Chronik von Gräfenberg. Dort schreibt der Chronist, sie sei so hohl, daß ein Reiter mit Pferd und Waffen bequem durch sie hindurchreiten könne. Auch eine Abbildung von 1900 zeigt eine hohle und

stammgeteilte, aber auch im unteren Kronenbereich voll belaubte Linde.
Würde man den Stammumfang dieses völlig zerklüfteten Baumes rekonstruieren, ergäbe sich ein Maß von 16 m. Allerdings ist dies lediglich eine Schätzung. Auch die Frage nach dem Alter der Linde kann von keinem Wissenschaftler exakt beantwortet werden, da an diesem hohlen Baum keine Jahrringszählungen vorgenommen werden können. Lediglich anhand der Angaben der verschiedenen historischen Zeugen läßt sich in etwa das Alter des Baumes nachvollziehen. Danach müßte die Kasberger Linde über 1000 Jahre alt und davon wahrscheinlich bereits 500 Jahre hohl sein.

Katalog-Nr.: 99

Tausendjährige Linde in Effeltrich

Thing-, Versammlungs- und Gerichtsbaum über die Jahrhunderte, die Linde in Effeltrich hat ein abwechslungsreiches Leben geführt. Dementsprechend werden ihr viele Geschichten, Erzählungen und Sagen angedichtet. Sie könnte vermutlich selbst romantische Begebenheiten aus

längst vergangener Zeit ausplaudern. Mitten auf dem Dorfplatz gewachsen, diente sie nämlich auch als Veranstaltungsort für rauschende Feste: die »Mondscheinnächte« aus dem letzten Jahrhundert zum Beispiel, bei denen mit viel Musik und Gesang gefeiert wurde. Hoch her ging es auch bei den Studentenfesten der Universität Erlangen, die ebenfalls hier stattfanden.
Einsam dürfte die starke Linde auch heutzutage nicht sein. Der blühende Baum lockt nach wie vor zahlreiche Wanderer an. Es gibt zwar in den Ortschaften des Frankenlandes eine ganze Reihe Artgenossen, aber die schönste in der Konkurrenz ist die Dorflinde in Effeltrich. Sie befindet sich außerdem in bester Gesell-

schaft: In direkter Nachbarschaft steht eine Wehrkirche mit hohen Mauern und spitzen Türmen, 1450 erbaut. Verschiedene alte Fachwerkhäuser und Schänken tun ein übriges, um das Bild harmonisch abzurunden.
Ob das Alter der Linde mit Hilfe des Gründungsjahres des Bistums Bamberg um 1007 zu errechnen ist, läßt sich nicht klären. Auch der hohle Stamm des Baumes liefert den Forschern keine verbindlichen Anhaltspunkte. Es bleibt bei einer Schätzung auf 800 bis 1000 Jahre. Der Baumumfang von 8,30 m und die tiefrissige Borke stützen diese Annahme. Die starken Zweige ruhen auf einem hölzernen Balkengerüst, das auf einer 49 m langen Steinmauer gründet, die das Wurzelwerk vorsorglich schützt.

Katalog-Nr.: 100

Wolframslinde in Ried

»Im Gedenken an den Minnesänger Wolfram von Eschenbach« – so steht's auf einem Stein unter einer der ältesten und stärksten Linden Deutschlands. Nachweislich soll Wolfram um 1200 mehrfach auf der nahegelegenen Burg Haidstein zu Gast gewesen sein.

Hier, auf dem Dorfplatz in Ried, unter dem beeindruckenden Naturdenkmal, könnte er sein mittelalterliches Epos über den christlichen Ritter und Gralshelden Parzival ersonnen haben. Um Minne ging es bei Wolfram in jedem Fall, denn in dieser Gegend huldigte er der Gräfin des Haidsteins, Markgräfin Elisabeth von Vohburg-Cham.
Der Baum steht da wie ein Fels (Stammumfang: 16 m, Durchmesser: 5 m, Alter: ca. 1000 Jahre), ist in seinen Dimensionen gewaltig, seit Jahrhunderten im Inneren hohl und mehrfach ausgebrochen. Die mannshohen Öffnungen im Stamm machen einen Hohlraum von 12 qm zugänglich, in den von oben Licht eindringt. Schon um 1900 wurde über diese Besonderheit berichtet. Ein Leinenweber soll in der Linde sogar seinen Webstuhl aufgestellt haben.
Erstaunlich, daß der tausendjährige Baum nur noch auf der Borke steht und trotzdem grünt und blüht. Am Stamm haben sich knollige Auswüchse gebildet, die den Besucher zu phantastischen Überlegungen einladen.

Katalog-Nr.: 167

Bäume auf dem Ruckowitzschachten bei Zwiesel

Derart ineinandergedreht und miteinander verschlungen sind die Bäume auf dem Ruckowitzschachten bei Zwiesel, daß sie den Betrachter an Familienbande erinnern. »Geschwisterahorn« und »Familienbuche« hat man denn auch zwei dieser bizarren Naturwunder genannt. Bei dem Bergahorn sind es zwei Bäume, die so umeinander gewunden sind, daß man sie auch für einen einzigen Baum halten könnte. Die »Familienbuche« vereinigt sogar drei Bäume in sich, verzahnt und aufeinandergelehnt, wie Eltern und Kind.
Beide Baumriesen sind 300 bis 400 Jahre alt. Bei einem Stammumfang von je 4 m erreicht der »Geschwisterahorn« eine stattliche Höhe von 15 m, die »Familienbuche« von 11 m.
Die verwachsene und verschlungene Gestalt der Bäume erklärt sich aus der windumtobten Hochlage des Ruckowitzschachten, der auf 1000 bis 1100 m Höhe liegt. Auf dieser natürlichen Bergrückenwiese ist seit dem 17. Jahrhundert der Viehauftrieb nachgewiesen. Der Bauer Lorenz Ayden aus Klauzenbach brachte

1613 erstmals sein Vieh auf diese Hochfläche. Seine Tiere fanden hier reichhaltige Wiesen, und gleichzeitig bewahrte er seinem bayerischen Herzog Maximilian das Land, indem er die böhmischen Hirten vertrieb.
Noch bis 1963 hatten die bayerischen Bauern auf dem Ruckowitzschachten das Weiderecht inne. Heute ist diese ehemalige Weidefläche ein Naturschutzgebiet.

Katalog-Nr.: 175

Tausendjährige Edignalinde in Puch

Eine tausendjährige Linde, einer Heiligen geweiht – die Edignalinde bei Puch ist etwas ganz Besonderes. Edigna, die Tochter Heinrichs I. von Frankreich (* 1060) soll hier auf der Flucht vor ihrer Ehe Unterschlupf und vor allem ihren Seelenfrieden gefunden haben. Es heißt, sie habe im Inneren dieses hohlen Baumes 35 Jahre gelebt, habe Ruhe, Frieden und die Erfüllung ihres Lebens gefunden. Edigna betete und fastete, war Armen, Kranken und Glaubensuchenden eine Hilfe. Neben dem Baum wurde eine kleine Kapelle errichtet.

Katalog-Nr.: 275

Die heilige Edigna starb 1109. Die Linde wurde ihr geweiht. Auch ein heilendes Öl soll bei der Linde geflossen sein. Allerdings versiegte die Quelle, als man versuchte, es zu veräußern. Wenn man der Sage Glauben schenkt, muß es sich bei der Edignalinde um einen tausendjährigen Baum handeln. Dem Betrachter jedenfalls zeigt sie unverhohlen ihre Altersnarben. Von ihrem Kopf in 6 m Höhe bis zu ihrem Fuß ist sie mit Beulen, Knollen und Wucherungen übersät. Ihr faltiger, mächtiger Stamm (9 m Umfang) ist gefurcht und gepreßt. Dennoch könnte man meinen, hält die Heilige Edigna bis heute eine schützende Hand über ihr ehemaliges Asyl: Aus den Wurzeln des alten Baumes brechen junge Triebe hervor, als hätte sie trotz des hohen Alters noch Bärenkräfte.

Tassilolinde bei Wessobrunn

Diese Linde verdankt ihren Namen dem Bayernherzog Tassilo III., der im Jahre 753 nach einer anstrengenden Jagd unter diesem Baum ausruhte. Eine Sage erzählt, daß er im Traum an diesem Baum eine Leiter gen Himmel steigen sah, an deren Fuß drei Quellen entsprangen, die sich in Kreuzform vereinten. Sein Jagdbegleiter Wezzo fand diese Traumbilder später in der Wirklichkeit wieder, und so beschloß Tassilo, bei dem »Brunnen des Wezzo« ein Kloster zu gründen. Berühmt wurde diese Benediktiner-Abtei vor allem durch das Wessobrunner Gebet von 814, das als ältester in deutscher Sprache erhaltener Text gilt.

Das Schicksal der Tassilolinde ist also von der ersten Stunde an eng mit dem des Klosters Wessobrunn verbunden. Dies setzte sich auch fort, als während der Säkularisierung 1810 die Klosterkirche und ein Großteil der Klosteranlagen abgebrochen wurden. Die Rettung vor Raub und Abbau kam 1861, als der Historiker Prof. Dr. Sepp die Klosteranlage mitsamt der Linde kaufte.

Die Tassilolinde gehört heute zu den Bäumen, die seit Jahrhunderten hohl sind und die trotzdem eine stattliche Höhe von 25 m und einen Kronendurchmesser von 27 m haben. Der Baummantel, der einen Umfang von 13 bis 14 m erreicht, ist dabei mehrfach unterteilt und aufgerissen, und selbst eine Großfamilie könnte im Innern des Baumes bequem Platz finden.

Katalog-Nr.: 277

Zirbe am Schachenschlößchen

Pinus cembra heißt sie in der Fachwelt. Allgemein ist die fünfnadelige Kiefer als Zirbe bekannt. Diese Baumart zeichnet sich durch kurze, harte Nadeln aus. Das Wurzelwerk klammert sich häufig an große Felsblöcke, um dem Baum ein sicheres Stehvermögen zu garantieren.
Wer südlich von Garmisch-Partenkirchen durch das Werdenfelser Land zum Wetterstein aufsteigt, findet dort die nördlichsten Ausläufer dieser Baumart. Unmittelbar unter dem Dreispitz mit seinen 2633 Metern erbaute der bayerische Märchenkönig Ludwig II. sein Schachenschlößchen aus Holz. Ganz in der Nähe

steht eine starke Zirbe. Um die 200 Jahre alt, hat sie dem mühevollen Bau des Schlosses über Jahre zugesehen.
Sie hat erlebt, wie Ludwig II. anreiste, um hier seine einsamen Geburtstage nach der Fertigstellung um 1872 zu verbringen. Nur wenige Besucher wurden hier empfangen, unter ihnen der Schriftsteller und Rechtsgelehrte Felix Dahn, Autor von »Ein Kampf um Rom«. Aber Ludwig politisierte nicht nur. Im Türkischen Zimmer seines Schlößchens träumte er von »Tausendundeiner Nacht«. Zwischen duftenden Räucherpfannen und Pfauenfächern, inmitten einer »moslemischen« Dienerschaft, Tabak rauchend und Mocca schlürfend, gab sich der Bayernkönig orientalischen Illusionen hin.
Die königlichen Erinnerungen vermag die Zirbe nur noch mit ein paar Artgenossinnen auszutauschen. Einige ältere Exemplare sind inzwischen vom Tod bedroht. Sie selbst ist 17 m hoch und hat einen Stammumfang von 2,30 m. Ihr Leittrieb ist mehrfach ausgebrochen. Seitenäste

sind kandelaberförmig, steil nach oben geschwungen. Wind und Wetter, Hagel und Schnee hat sie dennoch getrotzt.
Besuchern von Zirbe und Schachenschlößchen wird auch die Besichtigung des Botanischen Gartens der Universität München empfohlen. Unterhalb der kleinen königlichen Residenz wurde auf Initiative des Botanikers Karl von Goebel um 1900 ein Alpengarten angelegt.

Katalog-Nr.: 286

Eibe oberhalb Balderschwang

Ob sie tatsächlich der älteste Baum Deutschlands ist, bleibt wohl für immer ihr Geheimnis. Um es zu lüften, müßte man verbindlich wissen, ob die zwei Stämme der Eibe bei Balderschwang wirklich derselben Wurzel entspringen. Einen Abstand von einem Meter mitgerechnet, ergibt die Messung beider Baumstämme einen Umfang von stattlichen 7 m! In diesem Fall wäre der wuchtige Baum 3000 bis 4000 Jahre alt und damit der Veteran unter den Baumveteranen im Land. So lauten jedenfalls die Schlußfolgerungen der Fachleute, die anhand von Analogie-

berechnungen auf derartige Altersvorstellungen kommen.
Aber, es gibt noch eine andere Möglichkeit: Gesetzt den Fall, es handelt sich um Komplexstämme, also um zwei Bäume, die lediglich miteinander verwachsen sind, dann bleibt das Baumalter in mehrhundertjähriger Dimension. Genaueres läßt sich für die Eibe leider nicht feststellen. Denn für diesen Baum gibt es keine Methode der Altersbestimmung, es sei denn, man würde in den Wurzelbereich eindringen. Ein solcher Eingriff wäre aber für den Baum zu gefährlich.
Sie wird also ihr Geheimnis hüten. Aber ein Besuch bei der Eibe lohnt sich allemal. Nicht nur sie selbst ist schön anzuschauen, sondern auch ihre Umgebung: Balderschwang gehört zu den hübschen, idyllischen Bergdörfern im reizvollen Hochallgäu. Besuchern zeigt sich die Bergwelt ab 1000 m Seehöhe von ihrer besten Seite.

Katalog-Nr.: 324

Übersichtskarte
Bayern Nordteil

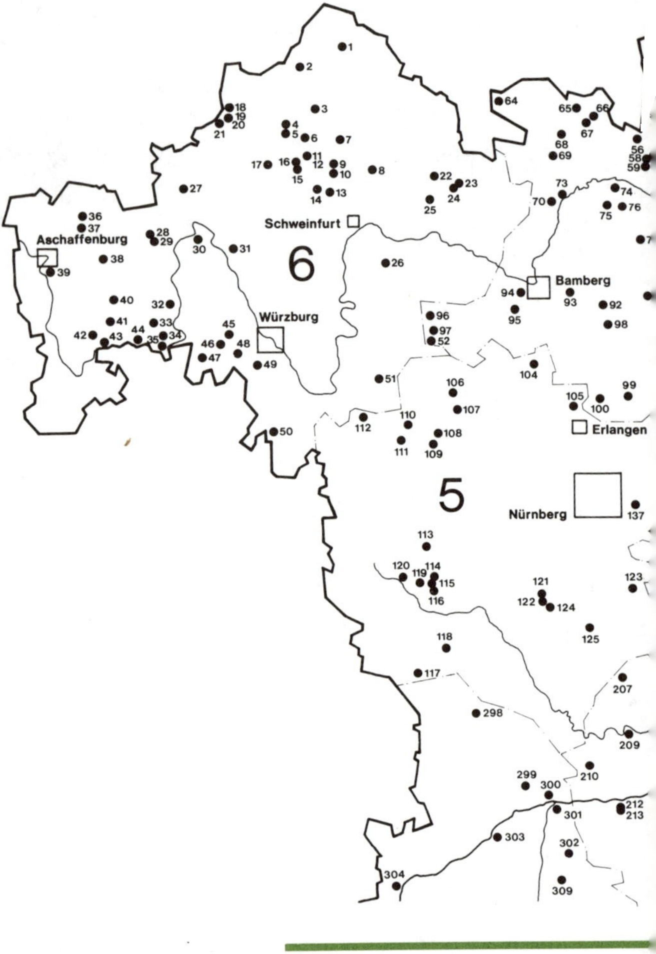

—·—·— Regierungsbezirke

1 Oberbayern
2 Niederbayern
3 Oberpfalz
4 Oberfranken
5 Mittelfranken
6 Unterfranken
7 Schwaben

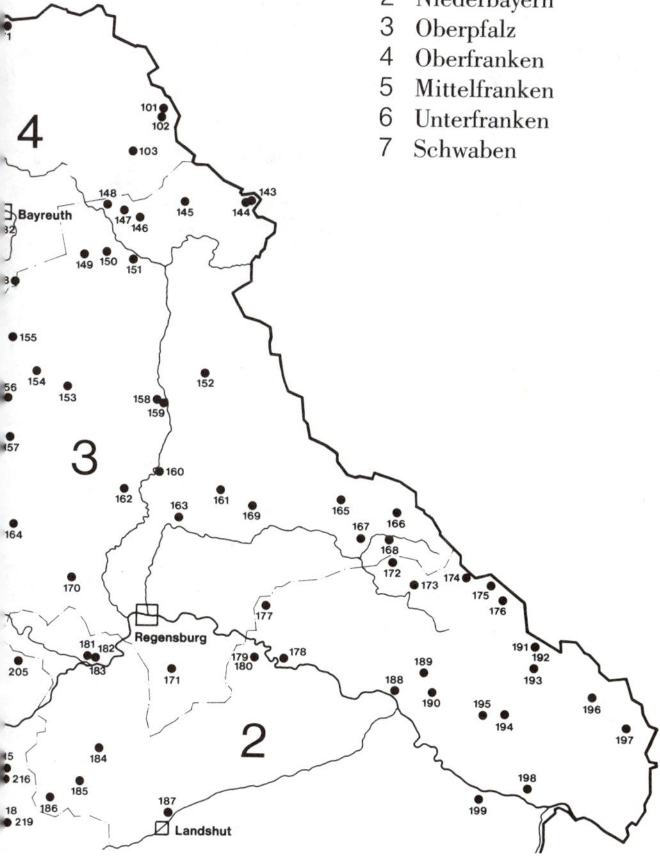

Übersichtskarte
Bayern Südteil

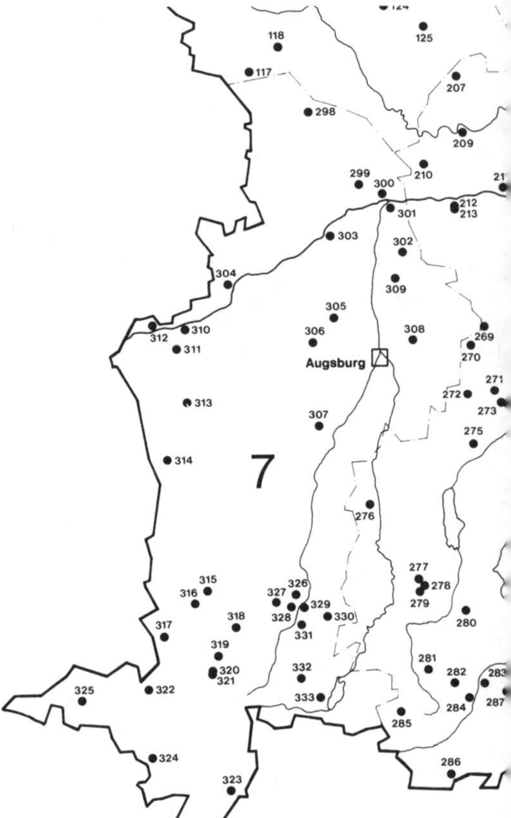

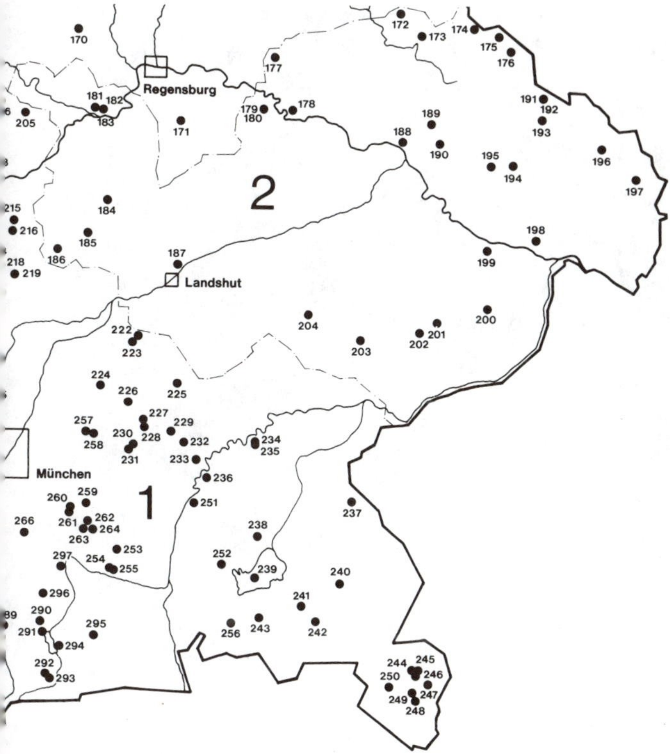
Regensburg
Landshut
München
2
1
170
171
172
173
174
175
176
177
178
179
180
181
182
183
184
185
186
187
188
189
190
191
192
193
194
195
196
197
198
199
200
201
202
203
204
205
215
216
218
219
222
223
224
225
226
227
228
229
230
231
232
233
234
235
236
237
238
239
240
241
242
243
244
245
246
247
248
249
250
251
252
253
254
255
256
257
258
259
260
261
262
263
264
266
290
291
292
293
294
295
296
297

Regierungsbezirk Unterfranken
Rhön-Grabfeld

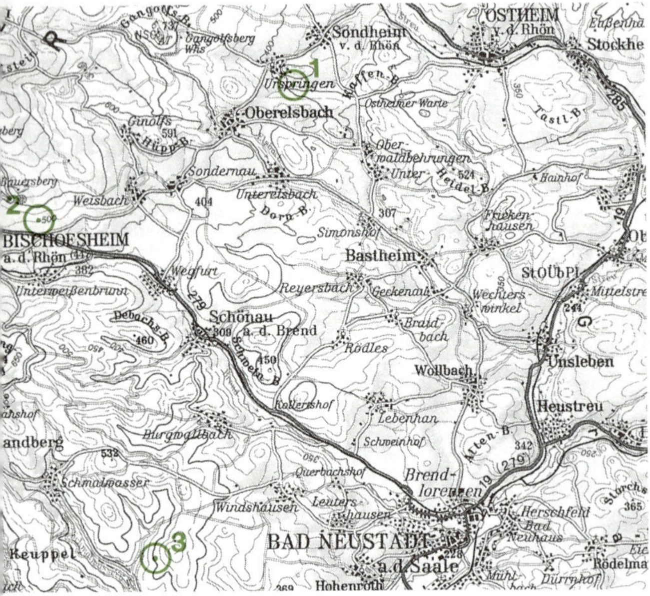

1 Richteiche bei Hendungen

Baumart: Eiche
Alter: ca. 400 Jahre
Höhe: 25 m Krone: 18 m
Umfang: 480 cm
Besonderheiten: Mittelwaldeiche mit tiefangesetzter Krone
Forstamt: Mellrichstadt
Standort: Waldabt. Richtung SO-Spitze des Waldkomplexes Richt, etwa 1000 m Luftlinie nördlich der Hendunger Kirche

2 Eiche bei Bischofsheim

Baumart: Eiche
Alter: ca. 300-400 Jahre
Höhe: 20 m Krone: 20 m
Umfang: 540 cm
Besonderheiten: starke Stieleiche
Forstamt: Bad Neustadt a. d. Saale
Standort: nördl. von Bischofsheim

3 Siebenarmige Buche bei Steinach a. d. Saale

Baumart: Buche
Alter: ca. 120-140 Jahre
Höhe: 30 m Krone: 17 m
Umfang: 500 cm
Besonderheiten: wahrscheinlich Büschelpflanzung, Buche besteht aus 7 Stämmen
Forstamt: Steinach
Standort: Waldabt. Kiesbrunn, an der Straße von Steinach nach Schmalwasser

4 Hindenburgeiche bei Burkardroth

Baumart: Eiche
Alter: ca. 250 Jahre
Höhe: 25 m Krone: 21 m
Umfang: 420 cm
Besonderheiten: intensiv bekronter Baum
Forstamt: Bad Kissingen
Standort: in der Feldflur zwischen Burkardroth und Stangenroth, ca. 100 m vom Gemeindewald Albeshag entfernt

5 Alte Bäume bei Stangenroth

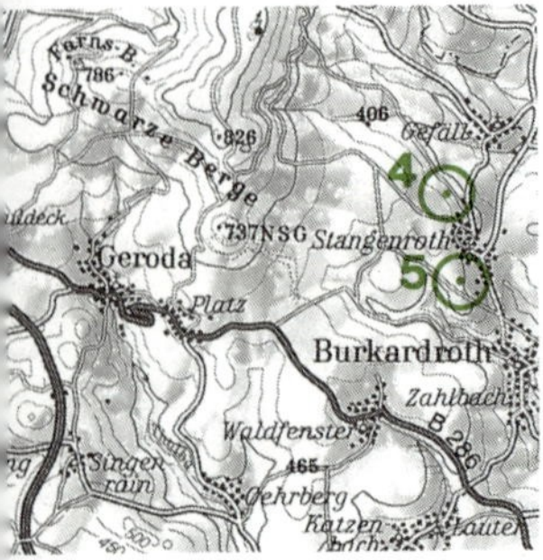

Baumart: 5 Buchen/2 Eichen
Alter: ca. 200-250 Jahre
Höhe: Ei. 20 m Krone: 12-18 m
Umfang: 300-500 cm
Besonderheiten: auffallende Altbäume
Forstamt: Bad Kissingen
Standort: westlich der Straße von Stangenroth nach Gefäll

6 Buche in Frauenroth

Baumart: Buche
Alter: ca. 250 Jahre
Höhe: 20 m Krone: 22 m
Umfang: 680 cm
Besonderheiten: Drillingsform (3 zusammengewachsene Kernwüchse)
Forstamt: Bad Kissingen
Standort: auf dem Friedhof in Frauenroth

7 Bildeiche bei Münnerstadt

Baumart: Eiche
Alter: ca. 300 Jahre
Höhe: 30 m Krone: 18 m
Umfang: 420 cm
Besonderheiten: starker Baum, an dem zahlreiche Heiligenbilder angebracht sind
Forstamt: Münnerstadt
Standort: am östlichen Waldrand der Staatswaldabt. Eiserne Hand südwestlich von Münnerstadt

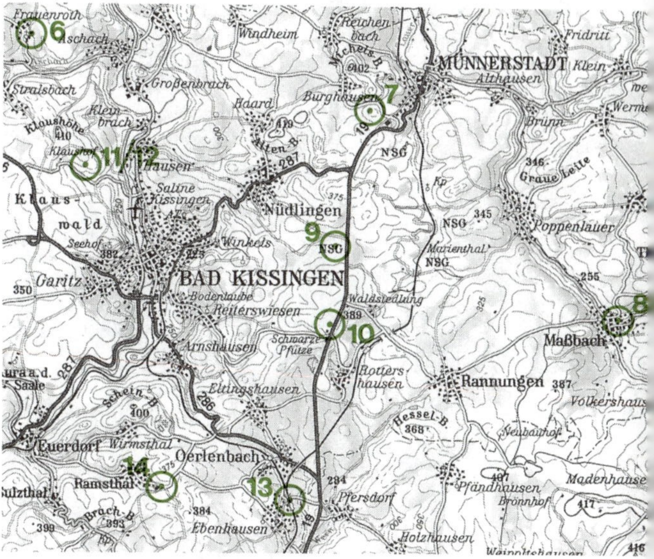

8 Altbuche bei Maßbach

Baumart: Buche
Alter: ca. 200 Jahre
Höhe: 27 m Krone: 26 m
Umfang: 350 cm
Besonderheiten: knorrige Altbuche
Forstamt: Münnerstadt
Standort: 150 m nach dem Sperrschild des Seiderlohweges von Maßbach kommend, ca. 90 m rechts

9 Buche bei Nüdlingen

Baumart: Buche
Alter: ca. 300 Jahre
Höhe: 26 m Krone: 23 m
Umfang: 380 cm
Besonderheiten: genannt Bürgermeister-Schäfer-Buche, nach dem ehemaligen Bürgermeister der Gemeinde Nüdlingen
Forstamt: Münnerstadt
Standort: in der Nähe des NSG Häuserloh

10 Linde bei Rottershausen

Baumart: Linde
Alter: ca. 250 Jahre
Höhe: 20 m Krone: 25 m
Umfang: 400 cm
Besonderheiten: Winterlinde
Forstamt: Münnerstadt
Standort: an der B 19, bei der »Schwarzen Pfütze«

11 Marien-Eiche am Klaushof bei Bad Kissingen

Baumart: Eiche
Alter: 200-300 Jahre
Höhe: 28 m Krone: 16 m
Umfang: 300 cm
Besonderheiten: nach der Königin Maria von Hannover benannt, die bei ihren Kuraufenthalten 1885-1908 diese Eiche regelmäßig besuchte
Forstamt: Bad Kissingen
Standort: an der S 2792 Richtung Klaushof, ca. 400 m südöstlich des Hofes

12 Luitpold-Eiche am Klaushof bei Bad Kissingen

Baumart: Eiche
Alter: 200-300 Jahre
Höhe: 28 m Krone: 20 m
Umfang: 280 cm
Besonderheiten: zur Erinnerung an den 90. Geburtstag des Prinzregenten Luitpold am 12. 12. 1911 benannt
Forstamt: Bad Kissingen
Standort: 200 m südöstlich des Klaushofes an der S 2792

13 Eichen am Bahnhof Ebenhausen

Baumart: Eiche
Alter: ca. 150 Jahre
Höhe: 15 m Krone: 18 m
Umfang: 300-400 cm
Besonderheiten: Traubeneichen
Forstamt: Münnerstadt
Standort: am Bahnhof Ebenhausen

14 Eiche bei Ramsthal

Baumart: Eiche
Alter: ca. 500 Jahre
Höhe: 15 m Krone: 28 m
Umfang: 600 cm
Besonderheiten: starke Traubeneiche
Forstamt: Münnerstadt
Standort: im Feld zwischen Ramsthal und Ebenhausen

15 Eiche bei Wittershausen

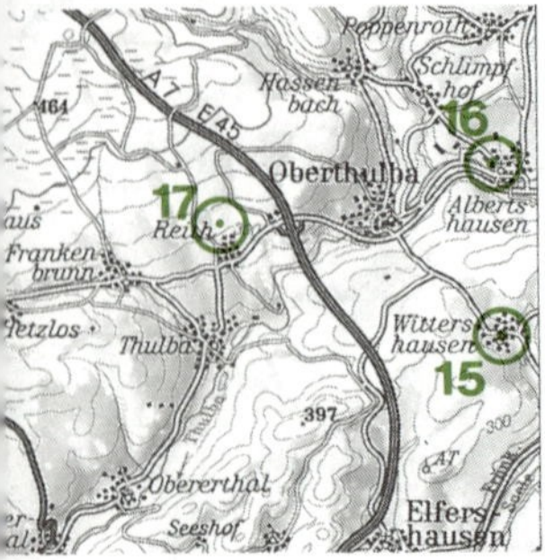

Baumart: Traubeneiche
Alter: ca. 500 Jahre
Höhe: 21 m Krone: 18 m
Umfang: 530 cm
Besonderheiten: Früher wurden hier die Sonnenwendfeiern abgehalten
Forstamt: Bad Kissingen
Standort: am Waldrand in der Nähe eines Feuchtbiotops

16 Eiche in Albertshausen

Baumart: Eiche
Alter: 700-800 Jahre
Höhe: 24 m Krone: 20 m
Umfang: 735 cm
Besonderheiten: starke Alteiche
Forstamt: Bad Kissingen
Standort: am Ortseingang Albertshausen, links vom Zubringer zur Autobahn

17 Dicke Eiche bei Reith

Baumart: Eiche
Alter: 400-500 Jahre
Höhe: 17 m Krone: 14 m
Umfang: 520 cm
Besonderheiten: früherer Platz für Ortsfestlichkeiten, Traubeneiche
Forstamt: Bad Kissingen
Standort: im Feld nahe Reith

18 Dicke Buche bei Bad Brückenau

Baumart: Buche
Alter: 150-200 Jahre
Höhe: 15 m Krone: 20 m
Umfang: 450 cm
Besonderheiten: auffallend starker Baum
Forstamt: Bad Brückenau
Standort: Waldabt. Dachsbau, am Waldrand, Forststraße an der Edelruh, Aussichtspunkt in östlicher Richtung am Hochbehälter im Dachsbau

19 Alteichen am Bibraplatz bei Bad Brückenau

Baumart: Eiche
Alter: ca. 400 Jahre
Höhe: 25 m Krone: 15 m
Umfang: 350-400 cm
Besonderheiten: 2 Traubeneichen
Forstamt: Bad Brückenau
Standort: am Müttergenesungsheim in Richtung Eckarts, Anstieg über geteerten Weg rechts am Waldrand

20 Tausendjährige Eiche in Bad Brückenau

Baumart: Eiche
Alter: 600-700 Jahre
Höhe: 20 m Krone: 35 m
Umfang: 660 cm
Besonderheiten: mächtiger Stamm mit weit ausladenden horizontalen Ästen, innen hohl, Äste abgestützt; erhielt den Namen König-Ludwig-Eiche, da König Ludwig I. gerne unter dieser Eiche saß
Forstamt: Bad Brückenau
Standort: Bad Brückenau-Staatsbad, im Kurgarten vor der Gärtnerei
Literatur: Fr., St.

21 Der Wunderbaum von Bad Brückenau

Baumart: Hainbuche
Alter: ca. 150 Jahre
Höhe: 18 m Krone: 12 m
Umfang: 320 cm
Besonderheiten: Es handelt sich um eine Hainbuche (Carpinus betulus Quercifolia), deren Blätter z.T. wie Eichenblätter aussehen. Der Baum wird in verschiedenen Parkführern erwähnt
Forstamt: Bad Brückenau
Standort: im Kurpark, neben dem Tennisplatz

Haßberge

22 Eiche bei Rottenstein

Baumart: Eiche
Alter: 400-500 Jahre
Höhe: 14 m Krone: 24 m
Umfang: 600 cm
Besonderheiten: alter Grenz- und Hutebaum, Traubeneiche
Forstamt: Bad Königshofen
Standort: an der Ortsverbindungsstraße Eichelsdorf – Rottenstein

23 Stieleiche am Kühsee bei Goßmannsdorf

Baumart: Eiche
Alter: ca. 250 Jahre
Höhe: 21 m Krone: 29 m
Umfang: 390 cm
Besonderheiten: gesunde, kräftige Eiche
Forstamt: Ebern
Standort: an der Straße nach Üschersdorf, gegenüber Kühsee

24 Alte Eiche bei Goßmannsdorf

Baumart: Eiche
Alter: ca. 300 Jahre
Höhe: 20 m Krone: 30 m
Umfang: 480 cm
Besonderheiten: Stieleiche, baumchirurgisch behandelt
Forstamt: Ebern
Standort: nördlich der Straße Goßmannsdorf – Fitzendorf an der alten Steige

Haßberge/ Schweinfurt (ab 26)

25 Speierling bei Rügheim

Baumart: Speierling
Alter: ca. 180 Jahre
Höhe: 24 m Krone: 18 m
Umfang: 220 cm
Besonderheiten: starker Solitärbaum
Forstamt: Ebern
Standort: im Feld auf dem Strüttschlag, an dem Weg nach Kleinsteinach

26 Drei Eichen bei Sulzheim

Baumart: Eiche
Alter: ca. 180 Jahre
Höhe: 15-22 m Krone: 9-12 m
Umfang: 380-460 cm
Besonderheiten: harmonische Gruppe
Forstamt: Gerolzhofen
Standort: unmittelbar neben der Straße Grettstadt – Sulzheim gelegen

Alte Eiche bei Schafhof

69

Tanzlinde in Isling **76**

Große Linde
bei Teuchatz

92

**Schirm-Linde
in Kersbach** **127**

Die alte Eiche bei Altensittenbach 130

**Linden
an der Antoniuskapelle
in Hohenhard** **146**

St. Wolfgangseiche
bei Schloß Haus 171

Geschwisterahorn auf dem Ruckowitzschachten bei Zwiesel **175**

Große Eiche in Ottersdorf

205

Eiche im Gerolfinger Eichenwald **211**

Linde an der Kapelle bei Reichgreissel **233**

Linde auf Hof Berg
bei Kraiburg am Inn **235**

Zirbe am Schachenschlößchen 286

Gerichtslinde in Warngau **296**

Gerichtslinde vor der Burg Graisbach **300**

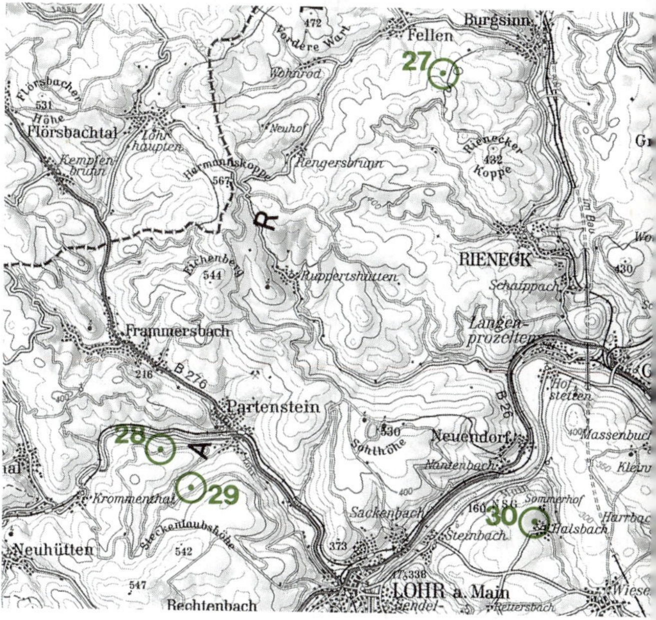

27 Richteiche bei Burgsinn

Baumart: Eiche
Alter: 450-500 Jahre
Höhe: 12 m Krone: 16 m
Umfang: 310 cm
Besonderheiten: Gerichtseiche
Forstamt: Gräfendorf
Standort: südlich der Verbindungsstraße Burgsinn – Fellen im Wald

28 Schneidbergbuche bei Partenstein

Baumart: Buche
Alter: ca. 250 Jahre
Höhe: 27 m Krone: 18 m

Umfang: 350 cm
Besonderheiten: knorrige Altbuche
Forstamt: Partenstein
Standort: Waldabt. Schneid, mittlerer Buchweg 3 km westlich Partenstein, mit Schild gekennzeichnet

29 Kanzeleiche bei Partenstein

Baumart: Eiche
Alter: ca. 350 Jahre
Höhe: 30 m Krone: 12 m
Umfang: 400 cm
Besonderheiten: vollkronige Solitäreiche
Forstamt: Partenstein
Standort: 3 km südwestlich von Partenstein an der sog. Höhenlinie, Waldabt. Reichhöh, mit Schild gekennzeichnet

30 Die Speierlinge von Halsbach

Baumart: Speierling
Alter: ca. 400 Jahre
Höhe: 18/25 m Krone: 12/14 m
Umfang: 250/300 cm
Besonderheiten: sehr alte imposante Bäume mit landschaftsprägendem Charakter
Forstamt: Lohr a. Main
Standort: im Feld der Gemeinde Halsbach

31 Dicke Eiche bei Eußenheim

Baumart: Eiche
Alter: ca. 250 Jahre
Höhe: 18 m Krone: 19 m
Umfang: 520 cm
Besonderheiten: Stieleiche, die in 4 m aufzwieselt, vitale Krone
Forstamt: Arnstein

Standort: an der Ostseite des Waldrandes, westlich von Eußenheim, Gemeindewald Breitholz

32 Drei Eichen bei Marienbrunn

Baumart: Eiche
Alter: ca. 300/180/300 Jahre
Höhe: 18/15/18 m
Krone: 17/20/22 m
Umfang: 350/280/400 cm
Besonderheiten: auffallende Baumgruppe
Forstamt: Marktheidenfeld
Standort: Waldrand der Waldabt. Russenlücke in Gemarkung Marienbrunn

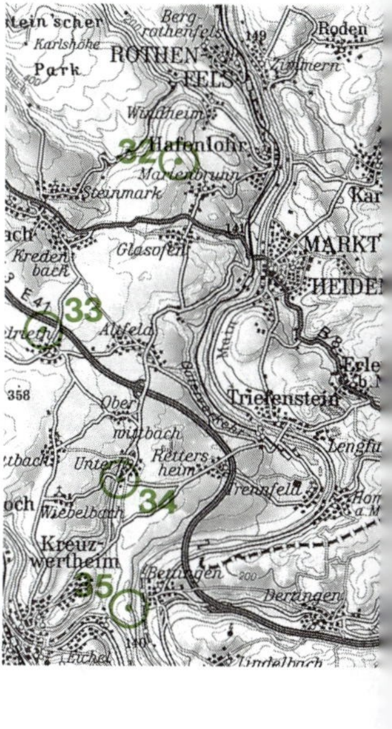

33 Linde bei dem Friedhof in Michelrieth

Baumart: Linde
Alter: ca. 300 Jahre
Höhe: 15 m Krone: 18 m
Umfang: 480 cm
Besonderheiten: saniert
Forstamt: Marktheidenfeld
Standort: beim Friedhof, am Ortsrand von Michelrieth

34 Zwölf Eichen bei Unterwittbach

Baumart: Eiche
Alter: ca. 200 Jahre
Höhe: 20 m Krone: 12 m
Umfang: 460 cm
Besonderheiten: flächenhaftes Naturdenkmal
Forstamt: Marktheidenfeld
Standort: am südlichen Ortsrand von Unterwittbach

35 Die Sautanne bei Kreuzwertheim

Baumart: Kiefer
Alter: ca. 300 Jahre
Höhe: 12 m Krone: 8 m
Umfang: 330 cm
Besonderheiten: wurde früher von den Sauhirten als Schattenbaum benutzt, ab 2 m Zwiesel
Forstamt: Marktheidenfeld
Standort: Waldrand Abt. Viehrain-Tannenstraße

36 Strobe im Schöllkrippener Forst

Baumart: Weymouthskiefer
Alter: ca. 100 Jahre
Höhe: 25 m Krone: 10 m
Umfang: 80 cm
Besonderheiten: starkastiger, voll bekronter Baum mit Solitärcharakter, am Wanderweg mit Ruhebank

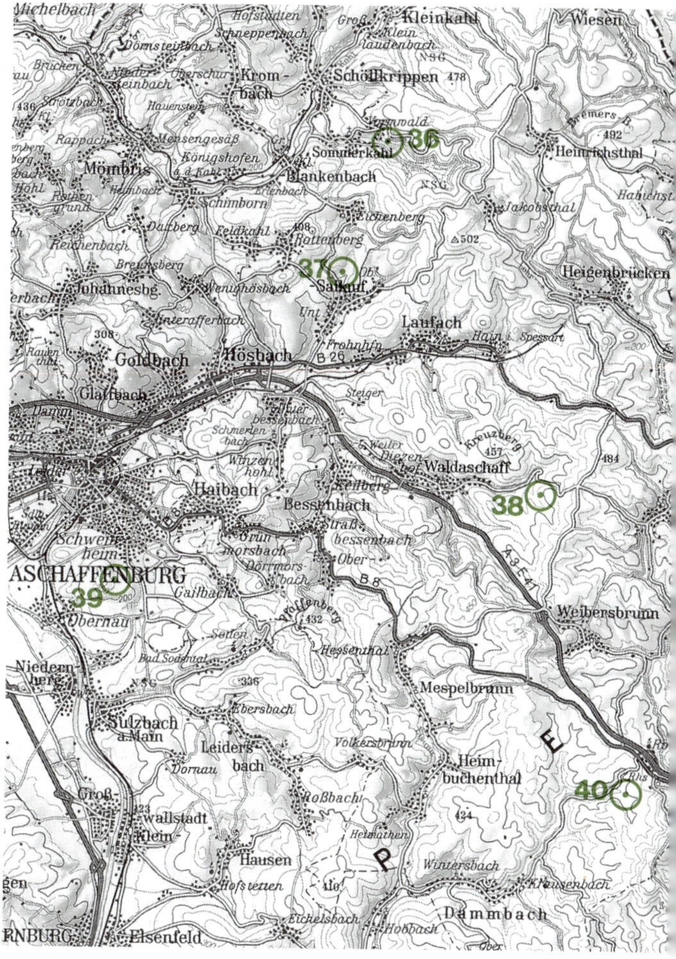
Kleinkahl
Wiesen
Schöllkrippen
Krombach
Sommerkahl
36
Heinrichsthal
Mömbris
Blankenbach
Schimborn
Jakobsthal
Eichenberg
Rottenberg
37
Sailauf
Heigenbrücken
Johannesbg.
Laufach
Goldbach
Hösbach
B 26
Glattbach
Waldaschaff
Haibach
Bessenbach
38
ASCHAFFENBURG
39
Obernau
Gailbach
Weibersbrunn
Mespelbrunn
Sulzbach a.Main
Leidersbach
Heimbuchenthal
40
Roßbach
Großwallstadt
Hausen
Elsenfeld
Dammbach
B 8
A 3 E 41

Forstamt: Schöllkrippen
Standort: in der Waldabt. VII 14 b Bussard, am Bratschweg ca. 1,8 km von der Abzweigung an der Engländerstraße

37 Strobe im Sailaufer Forst

Baumart: Weymouthskiefer
Alter: ca. 120 Jahre
Höhe: 28 m Krone: 10 m
Umfang: 80 cm
Besonderheiten: voll bekronter eindrucksvoller Baum an markanter Stelle
Forstamt: Schöllkrippen
Standort: an der Kreuzung Flößsteigweg – Sailaufer Grundweg

38 Eiche bei Waldaschaff

Baumart: Eiche
Alter: ca. 600 Jahre
Höhe: 25 m Krone: 18 m
Umfang: 350 cm
Besonderheiten: letzter Zeuge des Vorbestandes, innen faul
Forstamt: Heigenbrücken
Standort: westlich von Waldaschaff, in der Waldabt. Pflock

39 Speierling bei Godelsberg

Baumart: Speierling
Alter: ca. 70 Jahre
Höhe: 10 m Krone: 14 m
Umfang: 220 cm
Besonderheiten: Relikt einer alten Obstart
Forstamt: Aschaffenburg
Standort: südöstl. der Kippenburg, Godelsberg an der Haibacher Straße

Baumart: Eiche
Alter: 400-600 Jahre
Höhe: 33 m Krone: 20 m
Umfang: 500 cm
Besonderheiten: starke Alteiche
Forstamt: Rohrbrunn
Standort: 1 km westlich des Forstamtes Rohrbrunn

40 Alte Eiche bei Rohrbrunn

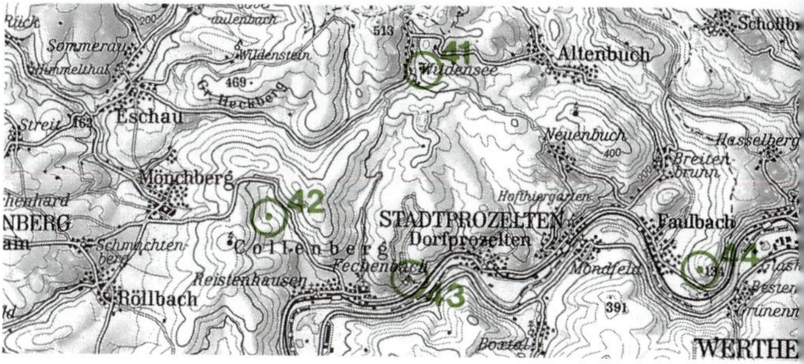

Baumart: Lärche
Alter: 150-200 Jahre
Höhe: 30 m Krone: 15 m
Umfang: 400 cm
Besonderheiten: markanter Einzelbaum
Forstamt: Altenbuch
Standort: Abt. Diebspfad, an der Kreuzung des Eselsweges mit der Stromleitungstrasse 1 km östlich von Wildensee

41 Dreifaltigkeitslärche bei Stadtprozelten

Baumart: Buche
Alter: ca. 200 Jahre
Höhe: 25 m Krone: 20 m

42 Rotbuche bei Reistenhausen

Umfang: 300 cm
Besonderheiten: breitastige Rotbuche, mit dem volkstümlichen Namen Totenmann-Buche, der auf einen Waldunfall zurückgehen soll
Forstamt: Altenbuch
Standort: am Waldweg von Reistenhausen nach Mönchberg, nah am Weg zum Kreuz

43 Dreibeinige Buche bei Fechenbach

Baumart: Buche
Alter: ca. 150 Jahre
Höhe: 25 m Krone: 15 m
Umfang: 200 cm
Besonderheiten: 3 Stämme
Forstamt: Altenbuch
Standort: im Gemeindewald Collenberg, östlich Grundweg

44 Große Linde bei Faulbach

Baumart: Linde
Alter: ca. 400 Jahre
Höhe: 25 m Krone: 20 m
Umfang: 400 cm
Besonderheiten: markanter Einzelbaum, Sommerlinde
Forstamt: Altenbuch
Standort: an der Straße Faulbach – Hasloch

45 Eiche bei Roßbrunn

Baumart: Eiche
Alter: ca. 300 Jahre
Höhe: 15 m Krone: 15 m
Umfang: 370 cm
Besonderheiten: Solitär am Waldrand
Forstamt: Würzburg
Standort: Anfahrt über die B 8, zwi-

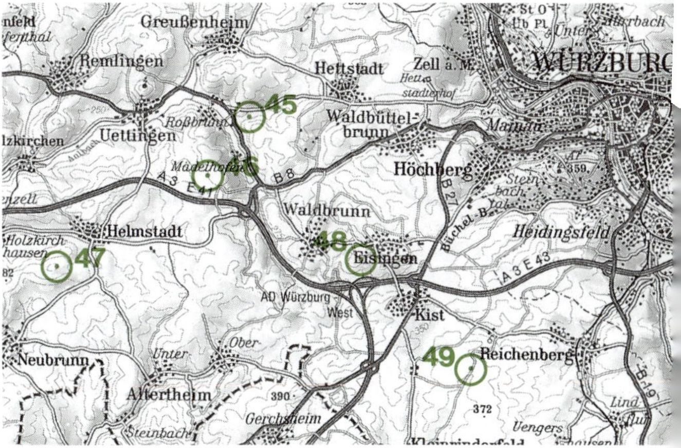

schen Mädelhofen und Roßbrunn rechts an der Waldeinfahrt am Waldrand

46 Elsbeeren bei Üttingen

Baumart: Elsbeere
Alter: ca. 200 Jahre
Höhe: 25/30 m Krone: 10 m
Umfang: 45/50 cm
Besonderheiten: vollbekronter Baum
Forstamt: Würzburg
Standort: Gdewaldabt. Hohesroth, südöstlich von Üttingen, auf der Abteilungslinie Schmiedlein-Hohesroth, von Norden her nach 600 m 60 m westlich

47 Dreistammeiche bei Holzkirchhausen

Baumart: Eiche
Alter: ca. 200 Jahre
Höhe: 25 m Krone: 11 m
Umfang: 600 cm
Besonderheiten: besteht aus 3 Stämmen, seit 1988 nur noch 2, wegen Blitzeinschlages
Forstamt: Würzburg
Standort: Waldabt. Sesselberg, südöstlich von Holzkirchhausen, Dreieichenweg bis Abteilungslinie Steig/ Sesselberg

48 Zwillingsbuche bei Waldbrunn

Baumart: Buche
Alter: ca. 300 Jahre
Höhe: 40 m Krone: 18 m
Umfang: 630 cm
Besonderheiten: zweistämmige Buche
Forstamt: Würzburg
Standort: an der Gemarkungsgrenze Waldbrunn-Eisingen, 150 m südlich der Waldfeldgrenze

49 Drei Eichenüberhälter im Guttenberger Wald

Baumart: Eiche
Alter: ca. 250 Jahre
Höhe: 33 m Krone: 21 m
Umfang: 250 cm
Besonderheiten: starke Bäume
Forstamt: Würzburg
Standort: von Kirst auf B 27 links ab auf S 229 b bis Limbachshof, dann nach Osten auf Gauweg bis zum Fürschweg, auf diesem 300 m nach Norden unmittelbar am Weg nach weiteren 300 m nach Norden ein weiterer etwa gleichstarker Überhälter,

am Weg in Verlängerung am Distrikt Eichholz ein weiterer Eichenüberhälter

50 Dreifaltigkeitsbuche bei Stalldorf

Baumart: Buche
Alter: ca. 250 Jahre
Höhe: 26 m Krone: 20 m
Umfang: 630 cm
Besonderheiten: dreiteilig
Forstamt: Uffenheim
Standort: Distrikt Stöckach, Nähe Viereckschanze

51 Bildeiche bei Iphofen

Baumart: Eiche
Alter: ca. 450 Jahre
Höhe: 17 m Krone: 14 m
Umfang: 520 cm
Besonderheiten: Wallfahrtsbild mit den 14 Nothelfern am Baum
Forstamt: Wiesentheid
Standort: an der Straße von Iphofen nach Birklingen

52 Kaisereiche in Füttersee

Baumart: Eiche
Alter: ca. 600-700 Jahre
Höhe: 26 m Krone: 27 m
Umfang: 740 cm
Besonderheiten: starker Baum mit beuligen Stammbereichen und ausgeprägten Wurzelanläufen, Wurzeln wie Stützen über dem Boden ausgelegt
Forstamt: Wiesentheid
Standort: oberhalb des Dorfes im Osten
Literatur: Fr., Go.

Regierungsbezirk Oberfranken
Kronach

53 Kastanie in Steinwiesen

Baumart: Roßkastanie
Alter: ca. 150-200 Jahre
Höhe: 19 m Krone: 14 m
Umfang: 350 cm
Besonderheiten: Stamm verzwieselt sich in 2,50 m Höhe und löst sich dann in mehrere starke Äste auf; durch Schneebruch im Dez. 1981 2 starke Äste gebrochen, Bruchstellen saniert, Krone hat seither eine unregelmäßige Form
Forstamt: Nordhalben
Standort: Ortsbereich Steinwiesen, 200 m vor dem Ortsende Richtung Nordhalben

54 Dorflinde in Knellendorf

Baumart: Linde
Alter: ca. 300 Jahre
Höhe: 25 m Krone: 20 m
Umfang: 340 cm
Besonderheiten: gut geformter Solitär
Forstamt: Kronach
Standort: Gemeindeplatz

55 Eiche am Bierberg bei Knellendorf

Baumart: Eiche
Alter: ca. 400 Jahre
Höhe: 22 m Krone: 26 m
Umfang: 380 cm
Besonderheiten: breitkroniger Einzelbaum im Feld
Forstamt: Kronach
Standort: 200 m nördlich des Anwesens Bierberg

56 Lindenhain bei Mitwitz

Baumart: Linde
Alter: bis 300 Jahre
Höhe: 9-24 m Krone: 5-15 m
Umfang: 40-470 cm
Besonderheiten: 65 Linden im Alter von 50 bis 300 Jahren
Forstamt: Kronach
Standort: ostwärts von Mitwitz am Forsthaus Neubau

57 Dichtereiche von Schmölz

Baumart: Eiche
Alter: ca. 500 Jahre
Höhe: 25 m Krone: 22 m
Umfang: 440 cm
Besonderheiten: starker Solitär
Forstamt: Kronach
Standort: im ehemaligen Schloßgarten

58 Eiche in Tüschnitz

Baumart: Eiche
Alter: ca. 600 Jahre
Höhe: 25 m Krone: 25 m
Umfang: 450 cm
Besonderheiten: starker Stamm mit voller Krone
Forstamt: Kronach
Standort: Ortsmitte

59 Tausendjährige Eiche bei Schloß Nagel

Baumart: Eiche
Alter: ca. 1000 Jahre
Höhe: 33 m Krone: 25 m
Umfang: 910 cm
Besonderheiten: ungeheuer starkes, völlig unnahbares Monument, Rinde brettartig bis 10 cm ausgefurcht – bis in die Kronenspitze (Altersmerkmal), Stieleiche
Forstamt: Kronach
Standort: zwischen Schloß Nagel und Gut Nagel
Literatur: Fr.

60 Die Wildenberger Linde

Baumart: Linde
Alter: ca. 300 Jahre
Höhe: 30 m Krone: 25 m
Umfang: 600 cm
Besonderheiten: starker, vollbeasteter Solitärbaum
Forstamt: Kronach

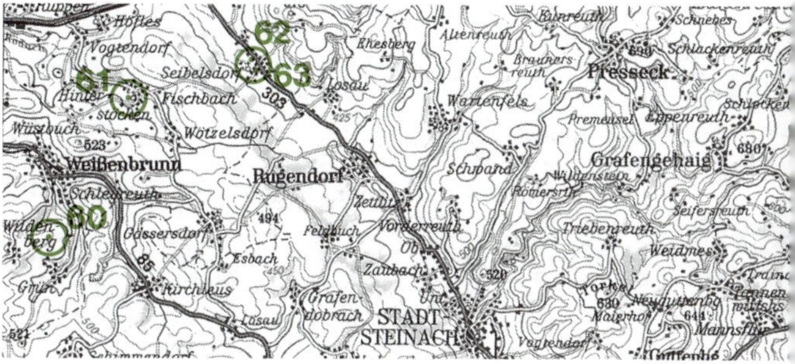

Standort: 1 km nördlich von Wildenberg, am Nordosthang des Wachtelberges neben ehemaligem Kirchweg

61 Tanzlinde in Fischbach

Baumart: Linde
Alter: ca. 300 Jahre
Höhe: 15 m Krone: 20 m
Umfang: 300 cm
Besonderheiten: ausgezogene Äste
Forstamt: Kronach
Standort: im Schloßgarten

62 Pfarrhauslinde in Seibelsdorf

Baumart: Linde
Alter: 80-100 Jahre
Höhe: 22 m Krone: 15 m
Umfang: 240 cm
Besonderheiten: Kirchlinde
Forstamt: Kronach
Standort: vor dem Pfarrhaus

63 Kellerlinde bei Seibelsdorf

Baumart: Linde
Alter: ca. 300 Jahre
Höhe: 26 m Krone: 15 m
Umfang: 490 cm
Besonderheiten: starker Stamm mit voller Krone
Forstamt: Kronach
Standort: südlicher Ortsausgang

64 Rossfelder Steineiche

Baumart: Eiche
Alter: 600-800 Jahre
Höhe: 23 m Krone: 14 m
Umfang: 610 cm
Besonderheiten: Wegebaum einer Fernhandelsstraße; innen hohl, stark gestutzt; angeblich 1000 Jahre alt, 1525 Blitzschlag festgehalten

Forstamt: Coburg
Standort: 2 km westlich von Rossfeld, an Landstraße, sehenswerte Kastanienallee zum Wasserschloß Moggenbrunn

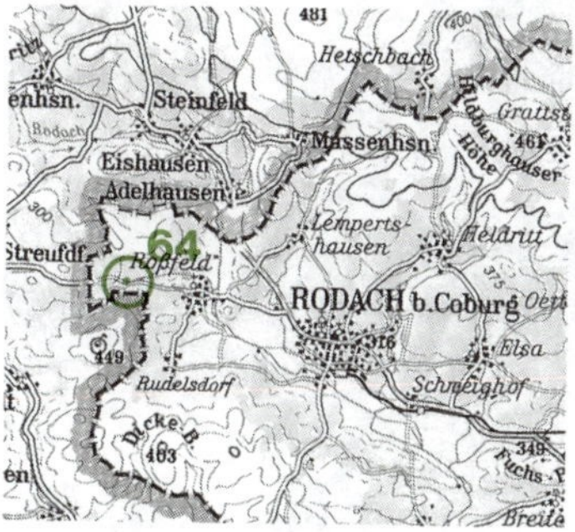

65 Alleebuchen zwischen Mönchröden und Rüttmannsdorf

Baumart: Buche
Alter: ca. 200 Jahre
Höhe: 30-35 m Krone: 12-16 m
Umfang: 250-400 cm
Besonderheiten: voll bekronter Solitärbäume mit teilweise markanter Schaft- und Astform
Forstamt: Neustadt bei Coburg
Standort: entlang der Gemeindeverbindungsstraße Mönchröden und Rüttmannsdorf sowie Sportplatz Mönchröden

66 Mehrschäftige Buche in Häslichgrund bei Mönchröden

Baumart: Buche
Alter: 150-200 Jahre
Höhe: 32 m Krone: 16 m
Umfang: 330 cm
Besonderheiten: voll bekronter,

Coburg

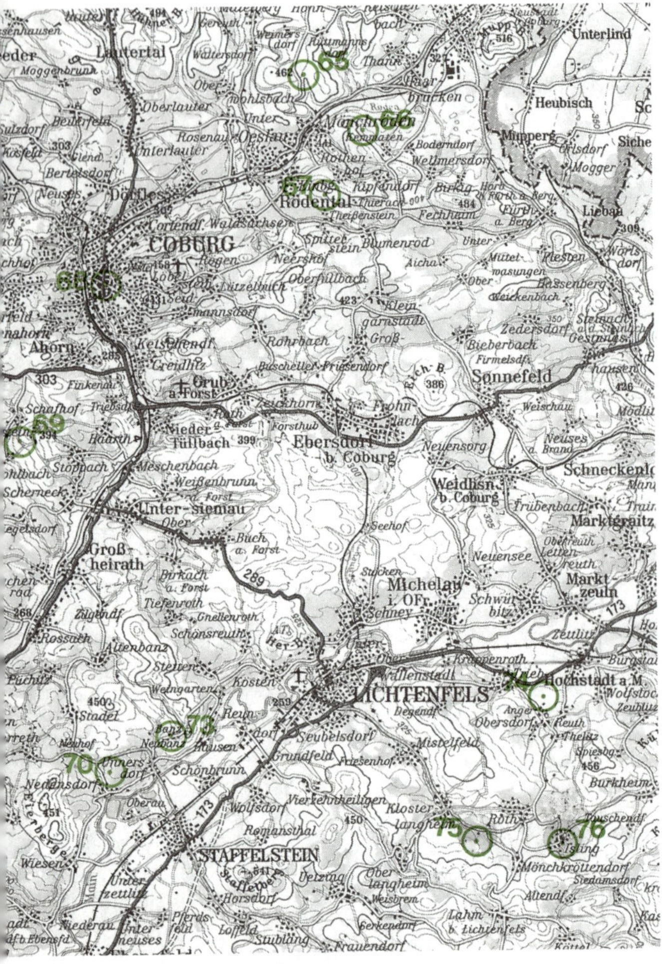

Lautertal
Oberlauter
Rosenau
Oeslau
Unterlauter
Dörfles
Neuses
Cortendf.
Waldsachsen
COBURG
Rodental
Kipfendorf
Birkig
Fechheim
Mönchröden
Heubisch
Mupperg
Oerlsdorf
Mogger
Liebau
Unterlind
Blumenrod
Oberfüllbach
Lützelbuch
Ahorn
Keßlendf.
Creidlitz
Grub a. Forst
Rohrbach
Friesendorf
Sonnefeld
Zedersdorf
Bieberbach
Firmelsdf.
Weischau
Neuses a. Brand
Schneckenlohe
Ebersdorf b. Coburg
Frohnlach
Zeickhorn
Nieder Füllbach
Neuensorg
Weidhsn. b. Coburg
Meschenbach
Weißenbrunn a. Forst
Unter-siemau
Ober
Buch a. Forst
Groß heirath
Birkach a. Forst
Tiefenroth
Gnellenroth
Schönsreuth
Rossach
Altenbanz
Stetten
Weingarten
Kösten
Reundorf
Michelau i. OFr.
Schney
Schwürbitz
Neuensee
Marktgraitz
Markt zeuln
Zeulitz
Trieb
Krappenrath
LICHTENFELS
Hochstadt a. M.
Seubelsdorf
Mistelfeld
Grundfeld
Friesenhof
Degendf.
Obersdorf
Reuth
Theisau
Burkheim
Nedensdorf
Unnersdorf
Neubanz
Banz
Schönbrunn
Wolfsdorf
Vierzehnheiligen
Kloster langheim
Roth
Isling
Mönchkröttendorf
Oberau
Romansthal
STAFFELSTEIN
Staffelberg
Uetzing
Ober langheim
Horsdorf
Unter zettlitz
Wiesen
Niederau
Unter neuses
Pferdsfeld
Loffeld
Stublang
Frauendorf
Lahm b. Lichtenfels
Altendf.
Siedamsdorf
65
66
67
68
69
70
73
74
75
76
173
289
303

mehrschaftiger und weit ausladender Baum mit urigen Astformen
Forstamt: Neustadt bei Coburg
Standort: nahe der Forststraße im Haslichgrund, Einfahrt bei den Fischbacher Teichen

67 Eiche im Einberger Wald bei Rödental

Baumart: Eiche
Alter: ca. 200 Jahre
Höhe: 20 m Krone: 12 m
Umfang: 200 cm
Besonderheiten: alte, sich in mehrere Stämme aufteilende Eiche; auf einem Sandsteinfelsen wachsend
Forstamt: Neustadt bei Coburg
Standort: 200 m oberhalb des sog. Sandwaschteiches im Einberger Wald, Nähe Rotenhof

68 Mammutbaum auf der Veste Coburg

Baumart: Sequoia
Alter: 80-90 Jahre
Höhe: 30 m Krone: 8 m
Umfang: 350 cm
Besonderheiten: im Hofgarten wertvolle Altbäume, insbesondere mächtige Eichen, Buchen, Blut- und schlitzblättrige Buchen
Forstamt: Coburg
Standort: auf dem Wall der Veste im Osten

69 Alte Eiche bei Schafhof

Baumart: Eiche
Alter: 250-300 Jahre
Höhe: 23 m Krone: 22 m
Umfang: 500 cm
Besonderheiten: voll bekronter Solitär im Feld
Forstamt: Coburg
Standort: von Schafhof über Neuhauser Weg, 500 m nach Südosten im Feld

70 Hüter des Feldes bei Nedensdorf

Baumart: Eiche
Alter: ca. 1000 Jahre
Höhe: 6 m Krone: 10 m
Umfang: 610 cm
Besonderheiten: walzenförmiger Schaft, 2,5 m hoch, völlig hohl, besetzt mit jungen Zweigen
Forstamt: Coburg
Standort: Straße B 4, Gleussen nach Lichtenfels, Abzweigung nach Nedensdorf, 500 m neben der Straße

71 Die Trauerbuchen bei Langenbach

Baumart: Buche
Alter: ca. 300 Jahre
Höhe: 35 m Krone: 8/20 m
Umfang: 500 cm
Besonderheiten: Zwei Frauen aus dem Frankenwald gingen zum Markt nach Lobenstein, verliefen sich auf dem Heimweg, ließen sich vor Müdigkeit unter den Buchen nieder und erfroren.
Forstamt: Bad Steben
Standort: Staatswaldabt. XVI 2 b Leckraum, von Langenbach nach Norden bis zum Wegekreuz des Karl-

Bock-Weges, weiter nach Norden über Klöcklein unterhalb des Hangweges kurz vor der thüringischen Grenze

72 Eibe im breiten Grund bei Bernstein am Walde

Baumart: Eibe
Alter: ca. 500 Jahre
Höhe: 15 m Krone: 14 m
Umfang: 330 cm
Besonderheiten: als sprossen viele Wurzeln aus einem Stamm. Einsam steht er am Hang, z. T. bedrängt von vorwitzigen jungen Fichten
Forstamt: Bad Steben
Standort: Gemarkung Schwarzenbach am Walde-Bernstein, von B 173 in Richtung Bernstein, nach 200 m Waldweg nach NO zu den beiden Häusern im breiten Grund
Literatur: Fr.

73 Eiche vor dem Kloster Banz

Baumart: Eiche
Alter: ca. 300 Jahre
Höhe: 20 m Krone: 18 m
Umfang: 600 cm
Besonderheiten: ab 3 m Höhe in viele Stämme aufgeteilt

Forstamt: Lichtenfels
Standort: an der Straße vor Kloster Banz, unmittelbar nach Neubanz

74 Kreuzkappeller Linde bei Trieb

Baumart: Linde
Alter: ca. 400 Jahre
Höhe: 20 m Krone: 26 m
Umfang: 440 cm
Besonderheiten: ab 3 m mehrere Stämme weit ausladend, bizarr verzweigt; unter der Linde ein Gedenkmarterl von 1749
Forstamt: Lichtenfels
Standort: oberhalb Trieb, an der Straße nach Anger, weitere Bäume in Trieb – Park des Gutes Berghof, Roteiche ca. 100jährig, Höhe 35 m, Umfang 510 cm und alte Buchen vor Gaststätte Karolinenhöhe, mächtige Eiche, Kastanien und Linde

75 Abtslinde bei Klosterlangheim

Baumart: Linde
Alter: ca. 400 Jahre
Höhe: 22 m Krone: 21 m
Umfang: 710 cm
Besonderheiten: In 3 m Höhe teilt sich der Stamm vielfach auf und bildet einen Schirm
Forstamt: Lichtenfels
Standort: neben der Straße von Lichtenfels-Roth nach Klosterlangheim

76 Tanzlinde in Isling

Baumart: Linde
Alter: 310 Jahre *
Höhe: 19 m Krone: 18 m
Umfang: 395 cm
Besonderheiten: interessant die Rekonstruktion der doppelstöckigen Gestelle zum Aufbau zweier Etagen; Sommerlinde
Forstamt: Lichtenfels
Standort: Lichtenfels-Isling, auf dem Marktplatz
Literatur: Fr.

77 Fünfstämmige Eibe bei Wunkendorf

Baumart: Eibe
Alter: über 300 Jahre
Höhe: 10 m Krone: 6 m
Umfang: 370 cm
Besonderheiten: 5stämmig, Durchmesser in 1,3 m Höhe 34, 32, 30, 36, 30 cm
Forstamt: Lichtenfels
Standort: Feldweg Wunkendorf – Bärental

* **Weist daraufhin, daß das Baumalter durch Messung bestimmt wurde.**

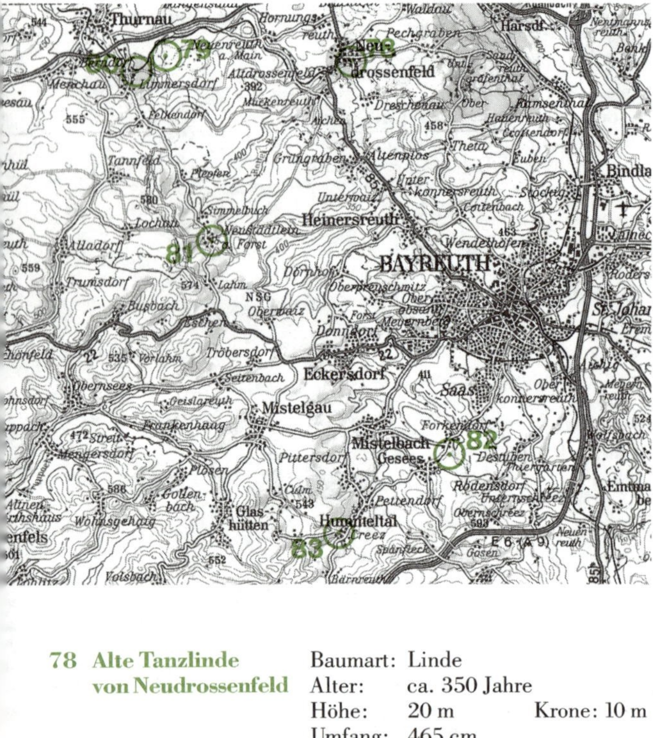

78 Alte Tanzlinde von Neudrossenfeld

Baumart: Linde
Alter: ca. 350 Jahre
Höhe: 20 m Krone: 10 m
Umfang: 465 cm
Besonderheiten: Tanzebene noch gut ausgebildet; Adventivreiser sind seit 70 Jahren durchgewachsen; als Tanzlinde zum letzten Mal 1913 benutzt; Sommerlinde
Forstamt: Stadtsteinach
Standort: auf dem Gelände der Brauerei Hölzel im Dorf

79 Rotbuche bei Limmersdorf

Baumart: Buche
Alter: 250-300 Jahre
Höhe: 22 m Krone: 35 m
Umfang: 465 cm
Besonderheiten: starker, vollbekronter Baum
Forstamt: Bayreuth
Standort: Staatswaldabt. X 4 b, Steinbrechen, ca. 200 m östlich der Ortschaft Forstleithen, unmittelbar neben der Forststraße

80 Tanzlinde in Limmersdorf

Baumart: Linde
Alter: 300-350 Jahre
Höhe: 19 m Krone: 18 m
Umfang: 395 cm
Besonderheiten: In etwa 3 m Höhe befindet sich ein Tanzpodium mit Hütte für die Kapelle, welches durch 8 Sandsteinpfeiler gestützt wird. Schöne Verbindung zur Kirche; Sommerlinde
Forstamt: Bayreuth
Standort: Thurnau-Limmersdorf, neben der Kirche

81 Wirtslinde in Neustädtlein

Baumart: Linde
Alter: ca. 400 Jahre
Höhe: 30 m Krone: 16 m
Umfang: 400 cm
Besonderheiten: überschirmt den Biergarten
Forstamt: Bayreuth
Standort: auf dem Gelände des Gasthauses Taig

82 Breite Eiche in Forkendorf

Baumart: Eiche
Alter: ca. 1000 Jahre
Höhe: 12 m Krone: 11 m
Umfang: 500 cm
Besonderheiten: Kugelform durch früheren Baumschnitt
Forstamt: Bayreuth
Standort: an der Straße am südlichen Ausgang von Forkendorf

83 Esche in Creez

Baumart: Esche
Alter: ca. 250 Jahre
Höhe: 24 m Krone: 15 m
Umfang: 450 cm
Besonderheiten: vor kurzem saniert
Forstamt: Bayreuth
Standort: auf dem Hof in der Mistelgauerstraße 7

84 Freiherr-von-Aufseß-Linde

Baumart: Linde
Alter: ca. 600 Jahre und mehr
Höhe: 26 m Krone: 30 m
Umfang: 580 cm
Besonderheiten: starke Sommerlinde, teilt sich kurz über dem Boden in mehrere Stämme auf, die z.T. kandelaberförmig verzweigt sind
Forstamt: Hollfeld
Standort: Auffahrt zum Schloß, nach Brücke Waldrandweg nach Norden, 600 m an Wegegabelung neben Aufseß-Bach; auf der Höhe zum Schloß alte knorrige, zweireihige Lindenallee, 750 m lang

85 Linde bei Dörnhof

Baumart: Linde
Alter: ca. 600 Jahre und mehr
Höhe: 15 m Krone: 20 m
Umfang: 460 cm
Besonderheiten: völlig hohler Stamm, nur auf 2/3 des Umfanges Rinde, kräftige junge Triebe
Forstamt: Bayreuth
Standort: Ausgang Dörnhof Richtung Plankenfels, Feldweg nach Süden 300 m

86 Buche bei Pottenstein

Baumart: Buche
Alter: ca. 250 Jahre
Höhe: 23 m Krone: 21 m
Umfang: 430 cm
Besonderheiten: auffallend starker Stamm
Forstamt: Betzenstein
Standort: am Waldrand neben dem Forstwirtschaftsweg »Görgenweg«

87 Drei Linden bei Büchenbach

Baumart: Linde
Alter: 300-400 Jahre
Höhe: 24-26 m Krone: 32 m
Umfang: 390-620 cm
Besonderheiten: Winterlinden stehen mit einer Kapelle zusammen
Forstamt: Betzenstein
Standort: Gemeinde Büchenbach, am Trockauer Weg, an der Grüner-Kapelle

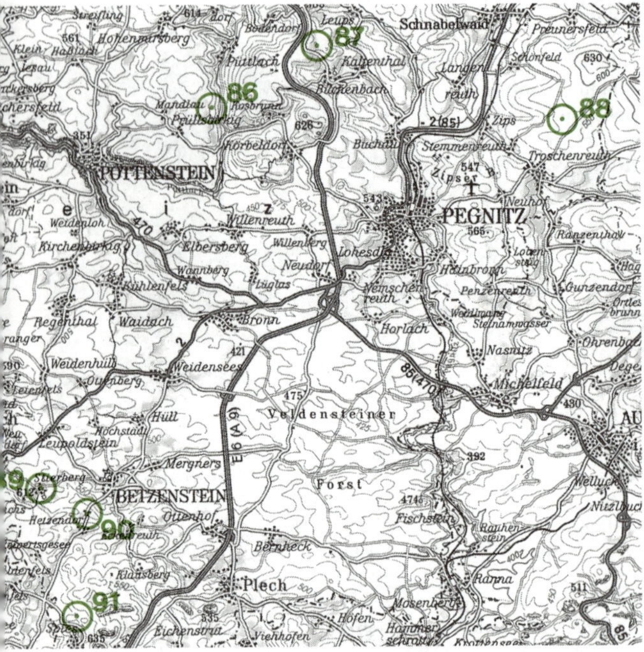

88 Dicke Eiche bei Troschenreuth

Baumart: Eiche
Alter: 500-600 Jahre
Höhe: 15 m Krone: 15 m
Umfang: 500 cm
Besonderheiten: so hoch wie breit
Forstamt: Pegnitz
Standort: Revier Schnabelwaid, nahe Waldrand, Eingang zum Kitschenrain

89 Angerlinde in Stierberg

Baumart: Linde
Alter: ca. 200 Jahre
Höhe: 25 m Krone: 10 m
Umfang: 420 cm
Besonderheiten: ehem. Angerlinde als Schattenspender auf dem Gemeindeanger
Forstamt: Betzenstein
Standort: Ortsmitte von Stierberg

90 Linde in Waiganz

Baumart: Linde
Alter: ca. 450 Jahre
Höhe: 25 m Krone: 17 m
Umfang: 330 cm
Besonderheiten: Sommerlinde
Forstamt: Betzenstein
Standort: Ortsmitte Betzenstein-Waiganz

91 Linde bei Spies

Baumart: Linde
Alter: ca. 500 Jahre
Höhe: 20 m Krone: 26 m
Umfang: 500 cm
Besonderheiten: Sommerlinde steht am Urteilsfelsen, wo früher Gericht gesprochen wurde
Forstamt: Betzenstein
Standort: Hohe Reuth, östlich von Spies

92 Große Linde bei Teuchatz

Baumart: Linde
Alter: 350-400 Jahre
Höhe: 26 m Krone: 26 m
Umfang: 770 cm
Besonderheiten: Baum mit hoher Ausstrahlung – so hoch wie breit, völlig harmonisch in Krone mit den vielen Stämmen, die zum Himmel streben; Sommerlinde
Forstamt: Scheßlitz
Standort: Teuchatz, unmittelbar an der Straße nach Burggrub, 500 m nach dem Dorfausgang
Literatur: Fr.

93 Eiche bei Pödeldorf

Baumart: Eiche
Alter: ca. 350 Jahre
Höhe: 26 m Krone: 20 m
Umfang: 460 cm
Besonderheiten: Stieleiche, alte Huteeiche
Forstamt: Bamberg
Standort: am östlichen Waldrand, etwa 15 m von der Feldflur entfernt, südlich von Podeldorf

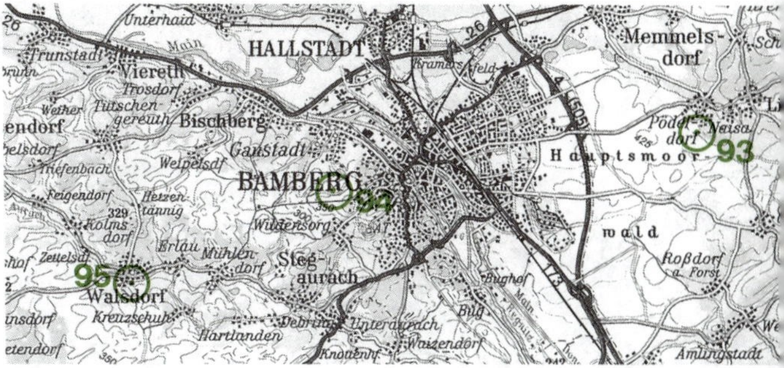

94 **Eiche bei Bamberg**

Baumart: Eiche
Alter: 300-400 Jahre
Höhe: 24 m Krone: 16 m
Umfang: 340 cm
Besonderheiten: starkastig und knorrig; ehemalige Mittelwaldeiche
Forstamt: Bamberg
Standort: im Michelsberger Wald ca. 600 Meter vom Ortsrand Wildensog

95 **Eiche auf dem Judenfriedhof in Walsdorf**

Baumart: Eiche
Alter: 350-400 Jahre
Höhe: 25 m Krone: 18 m
Umfang: 600 cm
Besonderheiten: Stieleiche mit kurzem Schaft und großer, weitausladender Krone
Forstamt: Burgebrach
Standort: Gemeinde Walsdorf, Judenfriedhof an der Straße nach Steinsdorf

96 Feldahorn im Botanischen Wäldchen in Ebrach

Baumart: Ahorn
Alter: ca. 200 Jahre
Höhe: 28 m Krone: 10 m
Umfang: 90 cm
Besonderheiten: steht im Verbund mit gleichalten riesigen Eschen, Ahorn und Linden
Forstamt: Burgebrach
Standort: Forstamtsgarten in Ebrach, ehemaliger Abteigarten, Botanische Wäldchen seit 1815 bekannt

97 Eiche bei Obersteinach

Baumart: Eiche
Alter: ca. 500 Jahre
Höhe: 25 m Krone: 18 m
Umfang: 600 cm
Besonderheiten: Traubeneiche
Forstamt: Burgebrach
Standort: Waldabt. Ostleite, westlich von Obersteinach im Wald

98 Linde bei Tiefenstürmig

Baumart: Linde
Alter: 200-300 Jahre
Höhe: 22 m Krone: 15 m
Umfang: 500-600 cm
Besonderheiten: Doppelstamm
Forstamt: Forchheim
Standort: 200 m östlich von Tiefenstürmig, am Waldrand der Gemeindewaldabt. Schelmenstein

99 Kasberger Linde

Baumart: Linde
Alter: ca. 1000 Jahre
Höhe: 11 m Krone: 16 m
Umfang: 1580 cm
Besonderheiten: Baum nach Westen hin geneigt, bizarr, eine mächtige Gestalt; wesentlich jüngere Linde wurde neben sie gepflanzt, die etwa 150 Jahre alt ist; Sommerlinde
Forstamt: Forchheim
Standort: Gräfenberg-Kasberg, am westlichen Ortsrand
Literatur: Fr., Go., St.

100 Tausendjährige Linde in Effeltrich

Baumart: Linde
Alter: 800-1000 Jahre
Höhe: 7 m Krone: 21 m
Umfang: 830 cm
Besonderheiten: besonders schöne

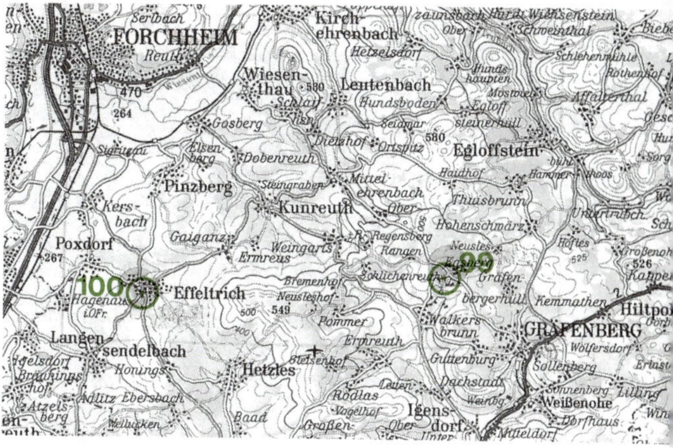

Wunsiedel

Harmonie: Dorfplatz mit Sommerlinde, Fachwerkhäusern und Wehrkirche
Forstamt: Forchheim
Standort: in Effeltrich, Ortsmitte
Literatur: Fr., Go.

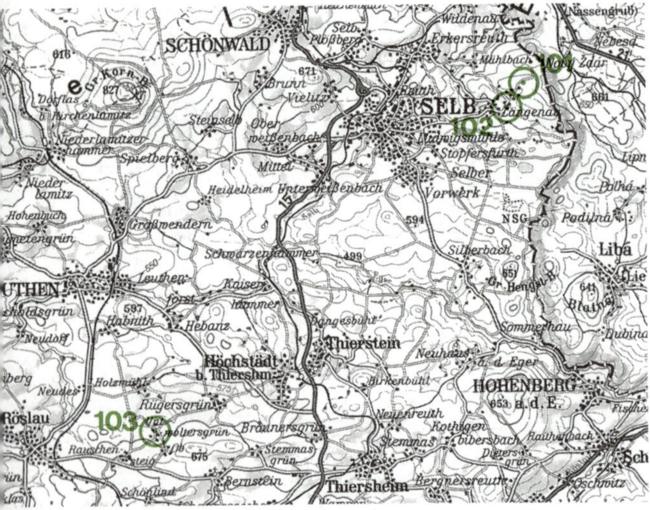

101 Kugelbaum bei Langenau

Baumart: Ahorn
Alter: 150-200 Jahre
Höhe: 16 m Krone: 15 m
Umfang: 440 cm
Besonderheiten: Bergahorn mit imposanter Mehrfachverzweigung ohne erkennbaren Hauptstamm
Forstamt: Selb
Standort: im Feld östlich von Langenau

102 Buche bei Langenau

Baumart: Buche
Alter: ca. 170 Jahre
Höhe: 22 m Krone: 20 m
Umfang: 460 cm
Besonderheiten: mittelhoch angesetzte, allseits mächtig ausladende Krone
Forstamt: Selb
Standort: Hofeinfahrt der Hausnummer 17 in Langenau

103 Sieben-Gipfel-Fichte bei Unterwoltersgrün

Baumart: Fichte
Alter: ca. 100 Jahre
Höhe: 30 m Krone: 10 m
Umfang: 310/170 cm
Besonderheiten: Erdstammzwiesel, bizarre Form
Forstamt: Weißenstadt
Standort: am Ortsverbindungsweg Unterwoltersgrün – Neudes im Talgrund, 200 m von Unterwoltersgrün entfernt

Regierungsbezirk Mittelfranken
Erlangen-Höchstadt

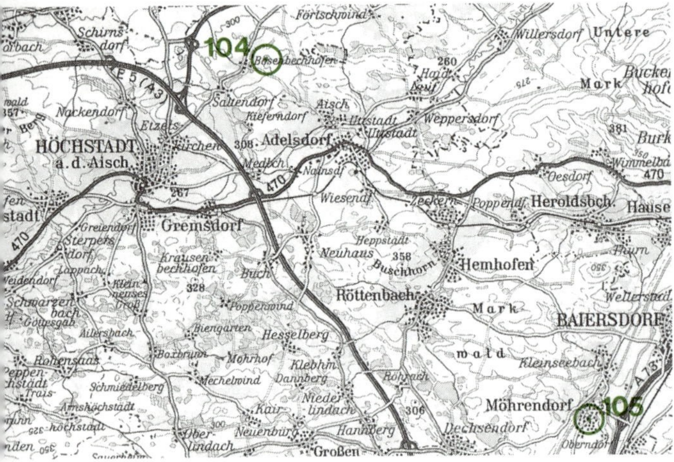

104 Eiche bei Bösenbechhofen

Baumart: Eiche
Alter: 300-400 Jahre
Höhe: 26 m Krone: 22 m
Umfang: 470 cm
Besonderheiten: breitkroniger Baum
Forstamt: Höchstadt
Standort: Eiche steht am Flurrand von Bösenbechhofen

105 Schwedenfohren in Möhrendorf

Baumart: Kiefer
Alter: ca. 300 Jahre
Höhe: 12 m Krone: 5 m
Umfang: 95 cm
Besonderheiten: 2 Kiefern, stark verkrüppelt mit knorrigen Ästen
Forstamt: Erlangen
Standort: in der Dorfmitte

Neustadt-Aisch/ Bad Windsheim

106 Große Eiche bei Abtsgreuth

Baumart: Eiche
Alter: ca. 350 Jahre
Höhe: 35 m Krone: 16 m
Umfang: 510 cm
Besonderheiten: Stieleiche, große Krone mit zahlreichen dürren Ästen, auch Christhaideiche genannt
Forstamt: Neustadt
Standort: Waldort »In der Abtei«, Nähe Wanderweg Nr. 9

107 Dicke Eiche bei Münchsteinach

Baumart: Eiche
Alter: ca. 300 Jahre
Höhe: 37 m Krone: 20 m
Umfang: 450 cm
Besonderheiten: Krone etwas eingeengt, z.T. zopftrocken, Freistellung notwendig
Forstamt: Neustadt
Standort: am Waldrand der Staatswaldabt. Sommerrangen, südlich von Münchsteinach, Nähe Wanderweg Elste

108 Eiche im Güterwald Unternesselbach

Baumart: Eiche
Alter: ca. 500 Jahre
Höhe: 20 m Krone: 18 m
Umfang: 630 cm
Besonderheiten: Krone noch dicht, SO-Seite stärkere dürre Äste; freistehend am Waldrand

Neustadt-Aisch/ Bad Windsheim

Forstamt: Neustadt
Standort: Güterwald Unternesselbach

109 Eiche am Altheimer Weiher

Baumart: Eiche
Alter: über 350 Jahre
Höhe: 20 m Krone: 19 m
Umfang: 380 cm
Besonderheiten: freistehend am Waldrand, Krone dicht
Forstamt: Neustadt
Standort: Altheimer Genossenschaftswald, am Altheimer Weiher

110 Esche bei Sugenheim

Baumart: Esche
Alter: ca. 200 Jahre
Höhe: 14 m Krone: 17 m
Umfang: 310 cm
Besonderheiten: große Krone
Forstamt: Uffenheim
Standort: Feldflur, an der Straße Sugenheim – Rüdern

111 Kalte Eiche bei Krautostheim

Baumart: Eiche
Alter: 550-600 Jahre
Höhe: 15 m Krone: 16 m

Umfang: 440 cm
Besonderheiten: breitkronige Stieleiche mit dürren Aststummeln
Forstamt: Uffenheim
Standort: am Osingranken, südlich Krautostheim

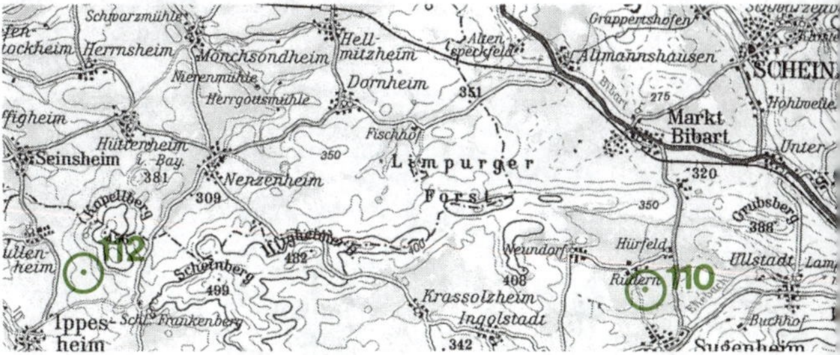

112 Hutteneiche bei Bullenheim

Baumart: Eiche
Alter: ca. 400 Jahre
Höhe: 17 m Krone: 10 m
Umfang: 530 cm
Besonderheiten: Benennung nach den ehemaligen Grundbesitzern auf Vorderfrankenberg (um 1520)
Forstamt: Uffenheim
Standort: im NW von Schloß Frankenberg, inmitten von Weinbergen

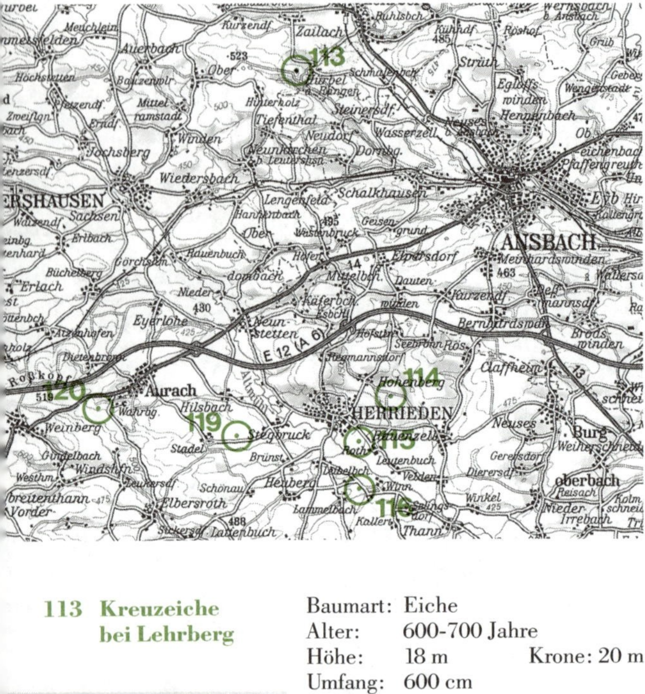

113 Kreuzeiche bei Lehrberg

Baumart: Eiche
Alter: 600-700 Jahre
Höhe: 18 m Krone: 20 m
Umfang: 600 cm
Besonderheiten: alter gefurchter Stamm, typische Rindenleisten bis in die Krone, starke Äste laden weit aus, Traubeneiche
Forstamt: Ansbach
Standort: oberhalb Hurbel an der Wegekreuzung nach Hinterholz-Tiefenthal und Walkmühle
Literatur: Fr., St.

114 Birnen bei Hohenberg

Baumart: Wildbirne
Alter: ca. 150 Jahre
Höhe: 20 m Krone: 13 m
Umfang: 300 cm
Besonderheiten: zwei zusammengewachsene Birnen
Forstamt: Ansbach
Standort: im SO der Siedlung Hohenberg

115 Birnbaum bei Herrieden

Baumart: Wildbirne
Alter: 150 Jahre
Höhe: 12 m Krone: 7 m
Umfang: 250 cm
Besonderheiten: aussterbendes Wildobst
Forstamt: Ansbach
Standort: auf dem Schulberg bei Roth

116 Silberweide bei Lammelbach

Baumart: Weide
Alter: 120 Jahre
Höhe: 25 m Krone: 18 m
Umfang: 800 cm
Besonderheiten: freistehender Solitär im Talgrund Altmühl
Forstamt: Ansbach
Standort: südöstlich von Herrieden am Flurbereinigungsweg nach Winn

117 Linde am Waldweg bei Weiltingen

Baumart: Linde
Alter: 200 Jahre
Höhe: 23 m Krone: 10 m
Umfang: 420 cm
Besonderheiten: Sommerlinde, voll bekronter kugeliger Solitär
Forstamt: Dinkelsbühl

Ansbach

Standort: Ortsrand von Weiltingen, am Waldweg nach Kreiselbach, neben Forsthaus

118 Eiche bei Ehingen

Baumart: Eiche
Alter: 400 Jahre
Höhe: 25 m Krone: 24 m
Umfang: 650 cm
Besonderheiten: Stieleiche
Forstamt: Dinkelsbühl
Standort: im Wald südlich von Ehingen, direkt neben Skilift Hesselberg

119 Eiche bei Stadel

Baumart: Eiche
Alter: 250-300 Jahre
Höhe: 25 m Krone: 19 m
Umfang: 620 cm
Besonderheiten: starke Stieleiche
Forstamt: Ansbach
Standort: an der Straße Stadel – Stegenbruck

120 Ulme bei Aurach

Baumart: Ulme
Alter: 250 Jahre
Höhe: 27 m Krone: 8 m
Umfang: 460 cm

Besonderheiten: stark verzweigte Krone, verlichtet
Forstamt: Feuchtwangen
Standort: Abt. V 1 a Urselbusch, Waldrandacker zwischen B 14 und Gut Wahberg, Nähe Privatweg Bornebusch

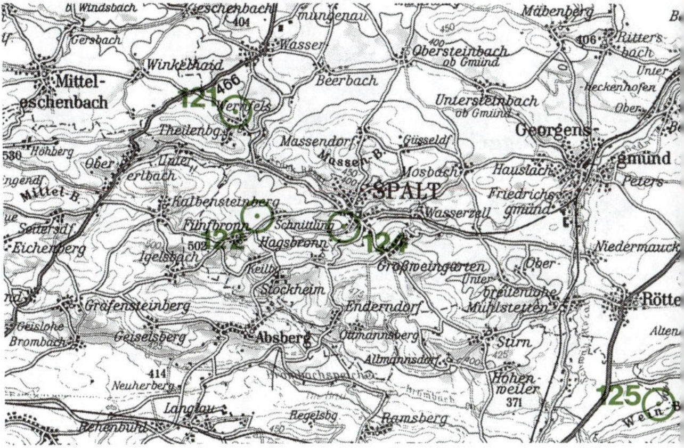

121 Eibe bei Wernfels

Baumart: Eibe
Alter: 900-1000 Jahre
Höhe: 12 m Krone: 12 m
Umfang: 340 cm
Besonderheiten: beeindruckender alter Baum
Forstamt: Schwabach
Standort: am Ortsausgang Wernfels, Richtung Winkelhaid

122 Eiche bei Schnittling

Baumart: Eiche
Alter: 200 Jahre
Höhe: 28 m Krone: 28 m
Umfang: 540 cm
Besonderheiten: vollbekronter Solitär mit schöner Krone
Forstamt: Schwabach
Standort: 300 m hinter Ortsausgang Schnittling, rechts am Waldrand 100 m zum Kinderspielplatz

123 Eiche bei Göggelsbach

Baumart: Eiche
Alter: 300-400 Jahre
Höhe: 21 m Krone: 17 m
Umfang: 500 cm
Besonderheiten: Stieleiche, Stamm hohl
Forstamt: Allersberg
Standort: Waldlichtung mit 2 kleinen Weihern, südwestlich der Straße Goggelsbuch – Kronmühle

124 Linde in Spalt

Baumart: Linde
Alter: ca. 200 Jahre
Höhe: 25 m Krone: 15 m
Umfang: 650 cm
Besonderheiten: frühere Gerichtslinde, Winterlinde; Krone stark gelichtet, stark zurückgeschnitten
Forstamt: Schwabach
Standort: an der Abzweigung des Weges nach Keilberg am Ortseingang

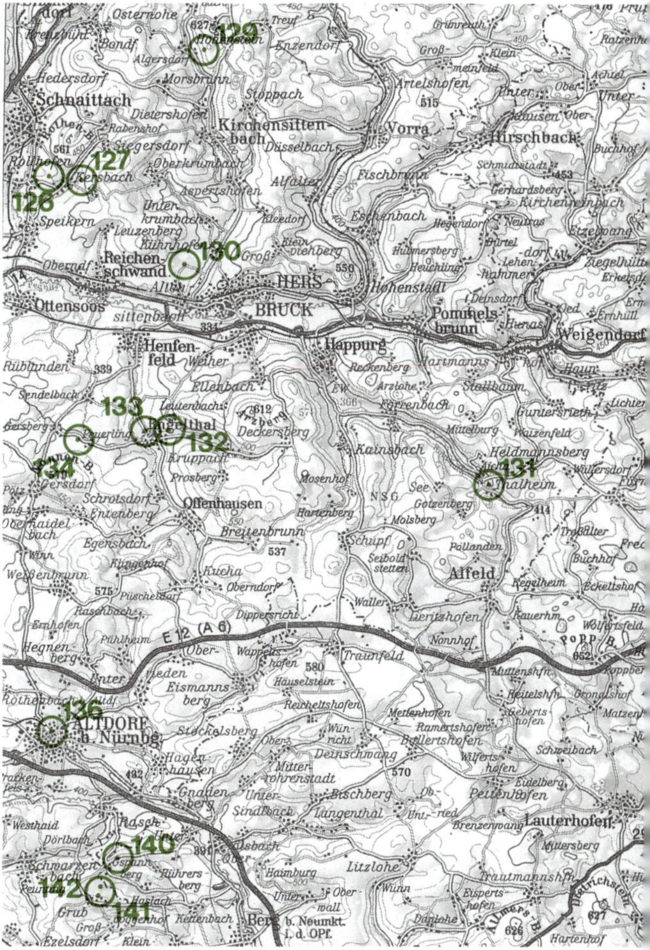
129
127
126
130
131
133
132
134
136
140
142
141
Schnaittach
Osternohe
Kreuzbühl
Bondf
Algersdorf
Hohenstein
Enzendorf
Treuf
Hedersdorf
Morsbrunn
Stöppach
Dietershofen
Kirchensittenbach
Rabenshof
Siegersdorf
Düsselbach
Vorra
Artelshofen
Hirschbach
Grünreuth
Groß-
Klein-
meinfeld
Rothenfen
Kersbach
Oberkrumbach
Aspertshofen
Alfalter
Fischbrunn
Speikern
Unterkrumbach
Leuzenberg
Kühnhofen
Kleedorf
Eschenbach
Hegendorf
Neutras
Reichenschwand
Obernndf
Groß-
Klein-viehberg
Hübmersberg
Heuchling
Ottensoos
HERSBRUCK
Hohenstadt
Pommelsbrunn
Weigendorf
Henfenfeld
Weiher
Happurg
Reckenberg
Hartmanns
Rüblanden
Ellenbach
Arzlohe
Stallbaum
Sendelbach
Förrenbach
Leutenbach
Engelthal
Deckersberg
Arzberg
Mittelburg
Guntersrieth
Gersberg
Peuerling
Kruppach
Kainsbach
Heldmannsberg
Waizenfeld
Gersdorf
Prosberg
Mosenhof
Thalheim
Schrotsdorf
Entenberg
Offenhausen
See
Gotzenberg
Oberhaidelbach
Breitenbrunn
Hartenberg
Molsberg
Egensbach
Schupf
Pollanden
Seiboldstetten
Alfeld
Klingenhof
Kucha
Oberndorf
Weißenbrunn
Püscheldorf
Waller
Kegelheim
Eckeltshof
Raschbach
Dippersricht
Leritzhofen
Rauerhm
Ernhofen
E 12 (A 6)
Pühlheim
Hegnenberg
Ober-
Wappeltshofen
Traunfeld
Nonnhof
Unterwieden
Eismannsberg
Häuselstein
Muttenshfn
Rötenbach
Reicheltshofen
Mettenhofen
Heitelshfn
ALTDORF b. Nürnbg.
Stöckelsberg
Wünricht
Ramertshofen
Bellertshofen
Schweibach
Hagenhausen
Deinschwang
Mitterrohrenstadt
Wilfertshofen
Gnadenberg
Unter-
Sindlbach
Bischberg
Langenthal
Pettenhofen
Westhaid
Dörlbach
Rasch
Brenzenwang
Lauterhofen
Schwarzenbach
Ospann
Rührersberg
Litzlohe
Haimburg
Trautmannshfn
Peunting
Haslach
Grub
Oberwall
Wünn
Eispertshofen
Groß-
Ezelsdorf
Klein-
Kettenbach
Berg b. Neumkt. i. d. OPf.
Danlohe
Allmers-B.
Dietrichstein
Hartenhof
Lehenhammer
Ziegelhütte
Weigendorf
Ratzenhof
Achtel
Buchhof
Lichtenegg
Wolfertsfeld
Poppberg
Trobalter
Buchhof
Gebertshofen
Grondlshof
Eidelberg
Mittersberg

Roth/ Nürnberger Land (ab 126)

125 Fürstenbuche bei Mischelbach

Baumart: Buche
Alter: ca. 200 Jahre
Höhe: 25 m Krone: 15 m
Umfang: 410 cm
Besonderheiten: Rest aus dem ehemaligen Lehenswald des Fürsten v. Wrede
Forstamt: Heideck
Standort: am Waldrand, westlich von Mannholz; auf B 2 von Mischelbach Richtung Rottenbach 2 km Waldweg nach Osten, nach 2,5 km Fürstenbuche am Waldrand; in Karten gekennzeichnet

126 Eichen auf dem Hutanger bei Rollhofen

Baumart: Eiche
Alter: 350/450 Jahre
Höhe: 18/21 m Krone: 20/22 m
Umfang: 350/620 cm
Besonderheiten: Anger mit mehreren Alteichen, weitständig; vollbekront, gemessen wurde Baum 14 links der Straße und Baum 17 rechts der Straße
Forstamt: Nürnberg
Standort: Neunkirchen a. Sand, Ortsteil Rollhofen, beiderseits der Straße Richtung Kersbach

127 Schirm-Linde in Kersbach

Baumart: Linde
Alter: 400 Jahre *
Höhe: 26 m Krone: 22 m
Umfang: 510 cm
Besonderheiten: vollkroniger, weit auslegender Baum mit gewaltigem Stamm, als Friedensbaum nach dem 30jährigen Krieg gepflanzt

Forstamt: Hersbruck
Standort: im Wirtsgarten des Gasthofes Zur Linde

128 Weide bei Raitenberg

Baumart: Weide
Alter: ca. 200 Jahre
Höhe: 25 m Krone: 18 m
Umfang: 245 cm
Besonderheiten: auffallender Solitär
Forstamt: Hersbruck
Standort: am Ortsrand, am kleinen Weiher

129 Lärche in Algersdorf

Baumart: Lärche
Alter: ca. 200 Jahre
Höhe: 35 m Krone: 10 m
Umfang: 200 cm
Besonderheiten: gutwüchsige europäische Lärche
Forstamt: Hersbruck
Standort: 20 m hinter dem Wohnhaus Zagel

130 Die alte Eiche bei Altensittenbach

Baumart: Eiche
Alter: 500-600 Jahre
Höhe: 22 m Krone: 20 m
Umfang: 620 cm
Besonderheiten: mächtiger Stamm, tief gefurcht, vom Blitz aufgerissen, alte stark geschwungene Krone

Forstamt: Hersbruck
Standort: 1 km nördlich von Altensittenbach: Verlängerung der Hansgörgelstraße in Richtung Lindelberg, links vom Weg auf dem Anger, umgeben von jüngeren Eichen

131 Linde im Thalheimer Schloßhof

Baumart: Linde
Alter: 500-600 Jahre
Höhe: 30 m Krone: 30 m
Umfang: 900 cm
Besonderheiten: Linde wurde beim Bau der Kirche gepflanzt; Winterlinde
Forstamt: Hersbruck
Standort: im Hof des Thalheimer Schlosses

132 Die Königseiche bei Engelthal

Baumart: Eiche
Alter: über 600 Jahre
Höhe: 16 m Krone: 10 m
Umfang: 660 cm
Besonderheiten: nur noch hohler Stumpf; 50 m hangaufwärts sehr starke Alteiche
Forstamt: Hersbruck
Standort: 20 m von der östlichen Grenzecke des Bezirkskrankenhauses, im Wald oberhalb weitere Starkalteichen

133 Drei Alteichen bei Engelthal

Baumart: Eiche
Alter: 300-400 Jahre
Höhe: 25-30 m Krone: 20-30 m
Umfang: 500-550 cm
Besonderheiten: starke, gut verzweigte Kronen

Forstamt: Hersbruck
Standort: 100 m nördlich vom Haupteingang des Krankenhauses; über Birkenallee erreichbar

134 Eiche bei Engelthal

Baumart: Eiche
Alter: 270-300 Jahre
Höhe: 24 m Krone: 22 m
Umfang: 460 cm
Besonderheiten: mächtiger Altbaum
Forstamt: Hersbruck
Standort: 500 m westlich von Peuerling am Waldrand, südlich der Straße Peuerling – Gersberg

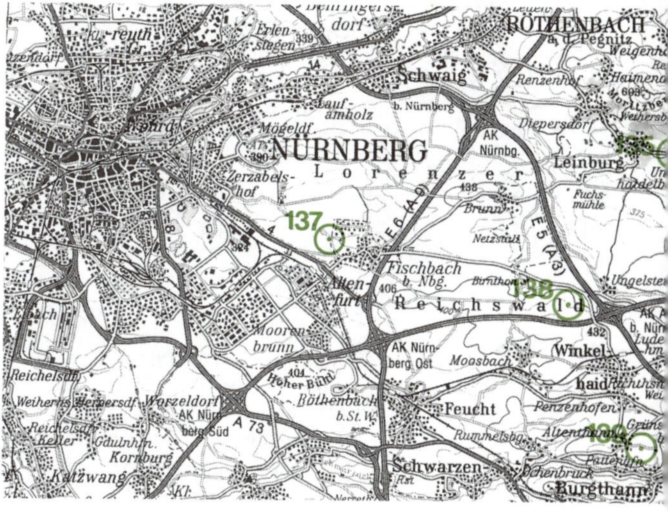

135 Roßeiche in Unterhaidelbach

Baumart: Eiche
Alter: 400 Jahre *
Höhe: 18 m Krone: 22 m
Umfang: 625 cm
Besonderheiten: Stieleiche, 1587 gepflanzt; früherer Anger, Vieheintrieb; gewaltige Wucherungen am Stamm
Forstamt: Nürnberg
Standort: am Dorfrand im Westen an der Straße »An der Roßeiche«

136 Das »Tor« in Altdorf

Baumart: Esche
Alter: 110 Jahre *
Höhe: 13 m Krone: 7/12 m
Umfang: 105/140 cm
Besonderheiten: 2 Hängeeschen 4 m voneinander entfernt, in 4 m Höhe zusammengepfropft, anschließend bizarre Krone bildend
Forstamt: Altdorf
Standort: in Altdorf, Röderstraße

137 Stieleichen bei Fischbach

Baumart: Eiche
Alter: 200-300 Jahre
Höhe: bis 40 m Krone: 18-22 m
Umfang: bis 700 cm
Besonderheiten: ehemalige Schweine- und Rinderhute von Fischbach
Forstamt: Feucht

Standort: Waldgebiet Abt. Au, an Ortsflur Fischbach angrenzend, am Ende der Pellergasse

138 »Broat Achn« bei Winkelhaid

Baumart: Eiche
Alter: 500-550 Jahre
Höhe: 33 m Krone: 18 m
Umfang: 660 cm
Besonderheiten: bereits 1910 als Naturdenkmal ausgewiesen wegen besonderer Größe
Forstamt: Altdorf
Standort: an der alten Nürnberger Straße, 350 m östlich des Kalten Brunnens im Wald, Gemeinde Lorenzer Reichswald-Winkelhaid bei Autobahnkreuz Altdorf-Nordwest

139 Schloßlinden bei Grünsberg

Baumart: Linde
Alter: ca. 300 Jahre
Höhe: 22 m Krone: 12-18 m
Umfang: 300-500 cm
Besonderheiten: in privatem Besitz
Forstamt: Altdorf
Standort: am Schloß Grünsberg

140 Alte Linde bei Gspannberg

Baumart: Linde
Alter: 350-380 Jahre
Höhe: 22 m Krone: 21 m
Umfang: 550 cm
Besonderheiten: bizarre einseitige Krone, starke Wurzelanläufe
Forstamt: Altdorf
Standort: am Berglein, an der Straße Rasch – Gspannberg, 150 m vor Gspannberg

141 Friedenslärchen bei Grub

Baumart: Lärche
Alter: 118 Jahre *
Höhe: 28 m Krone: 12-16 m
Umfang: 280-320 cm
Besonderheiten: Die Lärchen wurden als »Siegeslärchen« 1871 gepflanzt
Forstamt: Altdorf
Standort: Lärchen stehen an der Ortsverbindungsstraße Grub – Gspannsberg, nach Abzweigung ca. 100 m links

142 Dorflinde in Grub

Baumart: Linde
Alter: ca. 350 Jahre
Höhe: 26 m Krone: 29 m
Umfang: 560 cm
Besonderheiten: vollbekronter, vitaler Baum
Forstamt: Altdorf
Standort: im Dorf

Regierungsbezirk Oberpfalz

Tirschenreuth

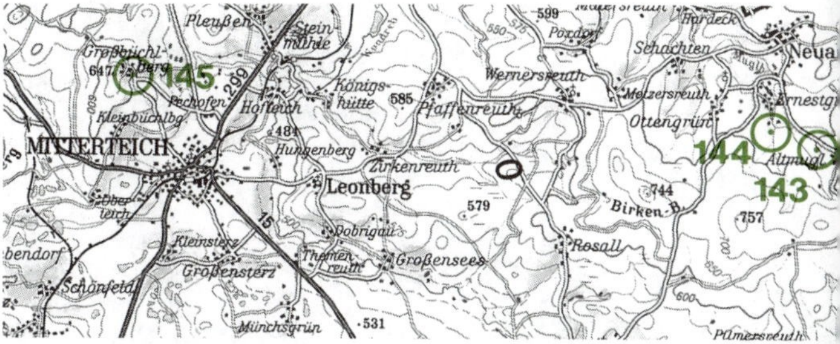

143 Alte Buche bei Altmugl

Baumart: Buche
Alter: 300-350 Jahre
Höhe: 35 m Krone: 19 m
Umfang: 770 cm
Besonderheiten: starke Verzweigung nach 2,5 m; vor ca. 15 Jahren baumchirurgisch bearbeitet
Forstamt: Waldsassen
Standort: unmittelbar an der Straße Mähring – Neualbenreuth, 300 m von der Ortslage Altmugl entfernt

144 Nigerl-Buche bei Neualbenreuth

Baumart: Buche
Alter: ca. 250 Jahre
Höhe: 35 m Krone: 22 m
Umfang: 500 cm
Besonderheiten: starke Verzweigung nach 3 m
Forstamt: Waldsassen
Standort: Neualbenreuth Richtung Mähring, nach Budsgut rechts ab, Nigerlweg bis Ende Teerstraße

145 Linde in Großbüchlberg

Baumart: Linde
Alter: ca. 320 Jahre

Höhe: 12 m Krone: 14 m
Umfang: 550 cm
Besonderheiten: Krone zurückgeschnitten, Sommerlinde
Forstamt: Mitterteich
Standort: am Ortsrand von Großbüchlberg

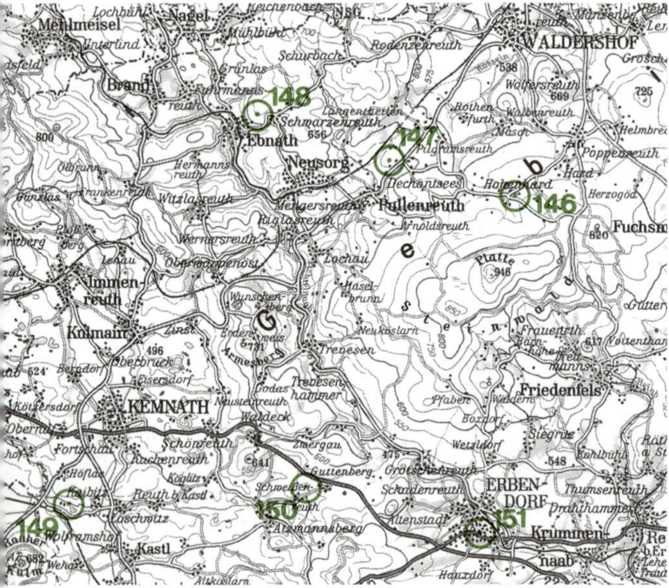

146 Linden an der Antoniuskapelle in Hohenhard

Baumart: Linde
Alter: ca. 300 Jahre
Höhe: 30/32 m Krone: 14/16 m
Umfang: 480/600 cm
Besonderheiten: Die beiden Linden

umrahmen und beschatten die Kapelle aus 1766
Forstamt: Kemnatzfels
Standort: Antoniuskapelle, an der Straße von Pullenreuth nach Poppenreuth

147 Klausenlinde bei Dechantsees

Baumart: Linde
Alter: 250-300 Jahre
Höhe: 30 m Krone: 10 m
Umfang: 600 cm
Besonderheiten: Winterlinde; 1979 baumchirurgisch behandelt
Forstamt: Kemnath
Standort: bei der Kirche Hl. Kreuz Dechantsees

148 Linden bei Schwarzenreuth

Baumart: Linde
Alter: 250-300 Jahre
Höhe: 20-25 m Krone: 8-15 m
Umfang: 350-600 cm
Besonderheiten: 4 Winterlinden, darunter eine mit außergewöhnlichem Stammumfang
Forstamt: Kemnath
Standort: Feldflur nahe der Straße von Ebnath nach Schwarzenreuth

149 Eiche an der Kapelle bei Kaibitz

Baumart: Eiche
Alter: 300-400 Jahre
Höhe: 26 m Krone: 28 m
Umfang: 500 cm
Besonderheiten: starker beuliger Stamm mit ausladender Baldachin-

krone, schönes Ensemble von Alteiche, Kapelle, Eichenhain und Weiher
Forstamt: Kemnath
Standort: 500 m oberhalb Schloß Kaibitz, an Kapelle

150 Hexenbesenkiefer bei Guttenberg

Baumart: Kiefer
Alter: ca. 150 Jahre
Höhe: 20 m Krone: 8 m
Umfang: 400 cm
Besonderheiten: außergewöhnlich bizarr gewachsene Kiefer mit hexenbesenähnlicher, tiefreichender Beastung
Forstamt: Kemnath
Standort: von der Straße Kemnath-Erbendorf nach der Abzweigung Guttendorf die nächste links, Waldweg, auf der linken Seite des Waldrandes

151 Linde in Erbendorf

Baumart: Linde
Alter: ca. 400 Jahre
Höhe: 22 m Krone: 18 m
Umfang: 650 cm
Besonderheiten: Sommerlinde, innen bereits hohl
Forstamt: Mitterteich
Standort: bei der Windisch-Kapelle in Erbendorf

152 Schlachten- oder Kaltebaum bei Vohenstrauß

Baumart: Linde
Alter: 395 Jahre *
Höhe: 26 m Krone: 21 m

Umfang: 690 cm
Besonderheiten: Stamm hohl, saniert, Winterlinde
Forstamt: Vohenstrauß
Standort: an der B 14 (in exponierter Lage) Nürnberg – Pilsen, auf dem Privatgrund der Familie Wittmann

153 Eiche in Süß

Baumart: Eiche
Alter: ca. 400 Jahre
Höhe: 20 m Krone: 18 m
Umfang: 350 cm
Besonderheiten: Solitärbaum mit stark ausladender Krone
Forstamt: Sulzbach-Rosenberg
Standort: gegenüber der Kapelle in Süß

154 Feldahorn in Edelsfeld

Baumart: Ahorn
Alter: ca. 200 Jahre
Höhe: 12 m Krone: 7 m
Umfang: 340 cm
Besonderheiten: Feldahorn, hohl und knorrig
Forstamt: Sulzbach-Rosenberg
Standort: vor dem Anwesen Edelsfeld Nr. 27, an der Straße

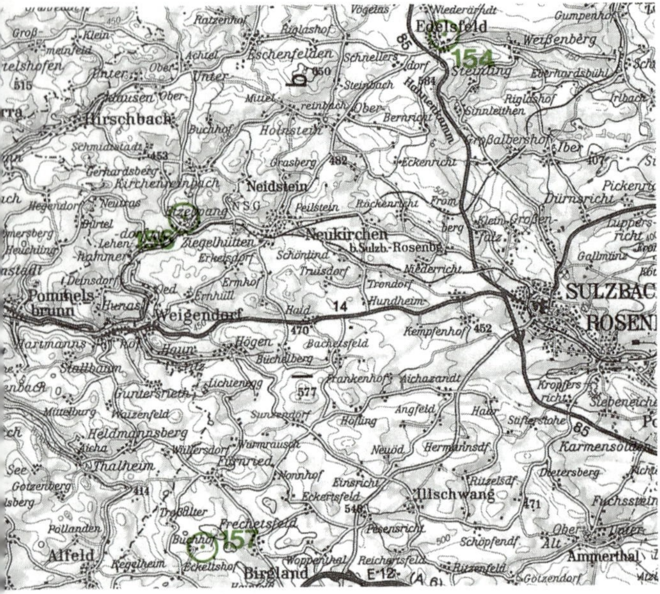

155 Buche im Stadtwald Auerbach

Baumart: Buche
Alter: ca. 350 Jahre
Höhe: 30 m Krone: 23 m
Umfang: 400 cm
Besonderheiten: starker, weit ausladender Baum
Forstamt: Sulzbach-Rosenberg
Standort: Magdalenenkapelle südöstlich Sachdillinger Straße, 1 km bis Nestlgrundstraße, 850 m nach Osten bis Rabenfels, dort 500 m nach Norden auf Zunderhaufenstr. 500 m, Buche 20 m rechts vor Fels

156 Robinie in Etzelwang

Baumart: Robinie
Alter: ca. 120 Jahre
Höhe: 15 m Krone: 11 m
Umfang: 350 cm
Besonderheiten: morsch, 1/3 der Krone fehlt, Eisenband am Kronenansatz
Forstamt: Sulzbach-Rosenberg
Standort: südl. der Pfarrkirche Etzelwang, beim Grabstein des Stromer v. Reichenbach im alten Friedhof

157 Vogelbeerbaum bei Eckeltshof

Baumart: Eberesche
Alter: 110 Jahre *
Höhe: 13 m Krone: 6 m
Umfang: 110 cm
Besonderheiten: Pflanzung bei Aussendung des Missionars Flierl
Forstamt: Sulzbach-Rosenberg
Standort: 4 m östlich des Weges, im Buchhof beim Gedenkstein für den Missionar Johann Flierl

158 Eiche bei Saltendorf

Baumart: Eiche
Alter: 300-350 Jahre
Höhe: 20 m Krone: 14 m
Umfang: 400 cm
Besonderheiten: Muttergottesbild zur Marienverehrung angebracht (»Heiliger Baum«)
Forstamt: Pfreimd
Standort: westlich von Saltendorf, am Südrand des Ostawaldes

159 Girnitzeiche bei Iffelsdorf

Baumart: Eiche
Alter: 400-500 Jahre
Höhe: 20 m Krone: 18 m

Schwandorf

158
159
160
162
Neunaigen
Damelsdf
Weihern
Büchelberg
571
Demenricht
Sitzambuch
Weiher
673
Kemnath
Maierhof
Salzendorf
Mertenberg
Buchberg
Oberndorf
Hainstill
Döswitz
Trichenricht
Döllnitz
Iffelsdorf
Löffelsbg
Friedersdf
Nessating
Wutschdorf
657
Buchberg
626
Untersteinbach
PFREIMD
Wiesensüß
Freudenbg
Schleißdf
Littenhof
Wolfsbach
Wind-
paißing
Obersteinbach
Ragenhof
395
Haselhof
A 93
Johannesberg
652
Ellersdf
Gässelsdorf
Fraunberg
Perschen
Hohersdf
Legendf
Passelsdf
Neusath
Namsenbach
Ober-
pennading
631
Friedrichs-B.
Inzendorf
Brudersdorf
Diepoltshof
NABBURG
Bühl
Unter-
Rottendorf
Etzelhf
Bergels-
hof
Eckendorf
407
Lissenthan
15
Etsdorf
Diendorf
Höflarn
400
Girnitz
Trisching
Schindel-B.
Högling
Schmidgaden
Säulnhof
564
Jeding
Schwarzach
b. Nabburg
Fenster
Wolfring
Grafenricht
Stulln
Wölsenberg
Wolsendf
394
Hartenricht
Knölling
Brensdorf
Warnbach
Wolfringmühle
362
Altfalter
Freihöls
bach
Dürnsricht
Fretzabruck
508
Frotzersricht
Richt
85
Wahlfest
Fraun-
richt
Zilchen
Schwarzen-
feld
Dietstätt
Diebis
Pittersberg
407
Irrenlohe
Asbach
Weiding
Götzenöd
Deiselkühn
Irrenlohe
Bf.
Arlaching
Lindenlohe
Hohenirlach
517
Münchshof
370
Kreith
Seulohe
Dauching
Haselbach
Freihöls
Charlotten-
hof
Irlbach
Fronberg
Prissath
Rauberweiher-
haus
Thanheim
Krondorf
Sitzenhf
Grain
Siegenthan
Ettmannsdorf
SCHWANDORF
Kron-
stetten
Dornberg
Krumbch
Krum-
lengenfeld
355
Neuwackersdf
Taxölde
Neukirchen
Naabsiegenhf
Wackersdorf
Dachelhofen
395
Hartenricht
Bayern-
werk
Göggelbach
Ahbernus
487
Grafenricht
Irlach
Eichlhof
Naabeck
Meldau
Büchelkühn
A 93
Heselbach
Oder
Witz-
lar
Oberbuch
Striessendf
352
Wiefelsdorf
Wutzlarn
Wöllmannsbach
Holzheim
467
Zielheim
Mauthof
Steinberg
Kirchenbuch
Waltenhof

Umfang: 460 cm
Besonderheiten: starker Solitär
Forstamt: Pfreimd
Standort: Iffelsdorf, unmittelbar am Aussiedlerhof Riedl

160 Eiche bei Fronberg

Baumart: Eiche
Alter: ca. 300 Jahre
Höhe: 15 m Krone: 22 m
Umfang: 550 cm
Besonderheiten: tief angesetzte Krone
Forstamt: Pfreimd
Standort: am Nordrand des Schloßparks (nördlich der Schnellstraße)

161 Kapellen-Linde bei Buch

Baumart: Linde
Alter: ca. 300 Jahre
Höhe: 27 m Krone: 20 m
Umfang: 630 cm
Besonderheiten: gute Verbindung Baum – Kapelle – Winterlinde
Forstamt: Bodenwöhr
Standort: bei der Bucher Kapelle, 500 m südlich von Buch

162 Eiche bei Neukirchen

Baumart: Eiche
Alter: 200-300 Jahre
Höhe: 20 m Krone: 24 m
Umfang: 450 cm
Besonderheiten: interessante Stieleiche mit tief angesetzter Zwiesel
Forstamt: Burglengenfeld
Standort: von Neukirchen nach Südwesten zum Kapflhof, von hier 450 m nach Norden, Eiche neben Weiher

163 Eiche am Großen Weiher bei Fischbach

Baumart: Eiche
Alter: ca. 300 Jahre
Höhe: 15 m Krone: 12 m
Umfang: 410 cm
Besonderheiten: starke Stieleiche
Forstamt: Bodenwöhr
Standort: 200 m nördlich des Großen Weihers an der Forststraße

164 Grottenthal-Linde bei Fronau

Baumart: Linde
Alter: ca. 1000 Jahre
Höhe: 30 m Krone: 25 m
Umfang: 800 cm
Besonderheiten: gewaltiger Stamm, mit tief angesetzter Krone
Forstamt: Bodenwöhr
Standort: westlich der Straße von Neukirchen nach Fronau

165 Eiche bei Ränkam

Baumart: Eiche
Alter: ca. 300 Jahre
Höhe: 25 m Krone: 18 m
Umfang: 600 cm
Besonderheiten: wahrscheinlich bei

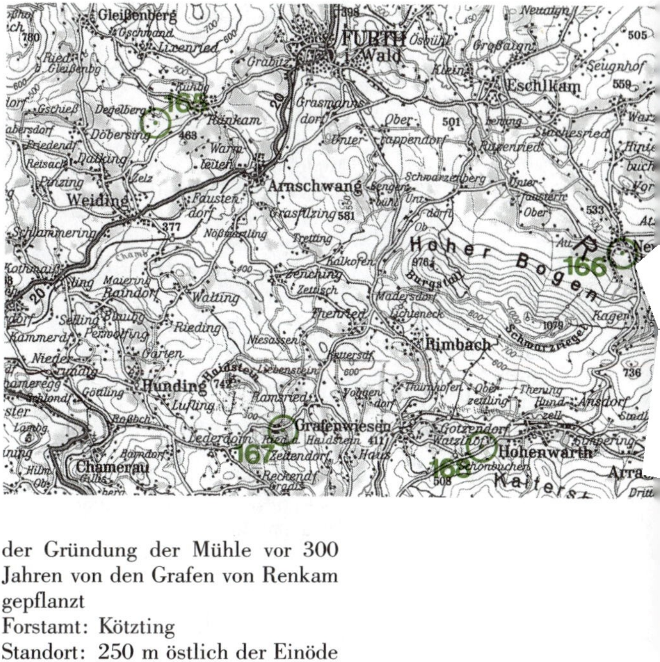

der Gründung der Mühle vor 300 Jahren von den Grafen von Renkam gepflanzt
Forstamt: Kötzting
Standort: 250 m östlich der Einöde Bruckmühle

166 Linden in Neukirchen

Baumart: Linde
Alter: 400-450 Jahre
Höhe: 28 m Krone: 16/16 m
Umfang: 344/442 cm
Besonderheiten: 2 Winterlinden, 1985 saniert
Forstamt: Kötzting
Standort: im Ortszentrum von Neukirchen b. Heiligen St. Blasius

167 Wolframslinde in Ried

Baumart: Linde
Alter: ca. 1000 Jahre
Höhe: 14 m Krone: 18 m
Umfang: 1600 cm
Besonderheiten: Er steht auf seiner Rinde, ist völlig hohl, zeigt tausend Modellfiguren – nicht zu beschreiben: knorrig, urweltlich und bizarr. Sommerlinde
Forstamt: Kötzting
Standort: am Rande des Dorfes
Literatur: Fr., Go., St.

168 Räuber-Heigl-Linde in Gotzendorf

Baumart: Linde
Alter: ca. 340 Jahre
Höhe: 22 m Krone: 13 m
Umfang: 600 cm
Besonderheiten: Der hohle Stamm diente dem Räuber Heigl einstmals als Unterschlupf. Winterlinde
Forstamt: Kötzting
Standort: in der Ortsmitte von Gotzendorf

169 Fraulinde am Federhof bei Krondorff

Baumart: Linde
Alter: ca. 250 Jahre
Höhe: 12 m Krone: 8 m
Umfang: 600 cm
Besonderheiten: klein, aber stark
Forstamt: Parsberg
Standort: am Federhof

170 Linde bei Beratzhausen

Baumart: Linde
Alter: ca. 150 Jahre
Höhe: 20 m Krone: 20 m
Umfang: 550 cm
Besonderheiten: Die Linde steht beim sog. »Kratzerhäusl«, einem Einödhof, der 1910 von der Staatsforstverwaltung gekauft wurde. Der nicht abgerissene Teil des Hofes dient heute als Diensthütte. Winterlinde
Forstamt: Pielenhofen
Standort: Staatswaldabt. VI 3a Högerlberg, von Hintertann nach Norden 1,5 km am Hangweg, am Nordhang des Högerlberges

171 St. Wolfgangseiche bei Schloß Haus

Baumart: Eiche
Alter: ca. 1000 Jahre
Höhe: 22 m Krone: 18 m
Umfang: 840 cm
Besonderheiten: beulige Stammpartien, ein Starkast in etwa 3 m Höhe horizontal 12 m weit nach außen ragend; Stieleiche
Forstamt: Regensburg
Standort: am Ende der Allee nach Schloß Haus (Thurn und Taxis)
Literatur: Fr., St.

Regierungsbezirk Niederbayern
Regen

172 Linde in Niederndorf

Baumart: Linde
Alter: ca. 350 Jahre
Höhe: 30 m Krone: 20 m
Umfang: 850 cm
Besonderheiten: Sommerlinde
Forstamt: Viechtach
Standort: auf dem Hof des Besitzers Penzkofer bei der Scheune

173 Linde in Frath

Baumart: Linde
Alter: ca. 800 Jahre
Höhe: 15 m Krone: 12 m
Umfang: 705 cm
Besonderheiten: angeblich im Jahr 1300 erstmalig urkundlich erwähnt
Forstamt: Viechtach
Standort: auf dem Anwesen des Besitzers Geiger

174 Linde in Bayerisch Eisenstein

Baumart: Linde
Alter: ca. 600 Jahre
Höhe: 26 m Krone: 20 m
Umfang: 610 cm
Besonderheiten: Privatgrund
Forstamt: Regen
Standort: im Hof- und Gartenraum des Besitzers Bauer

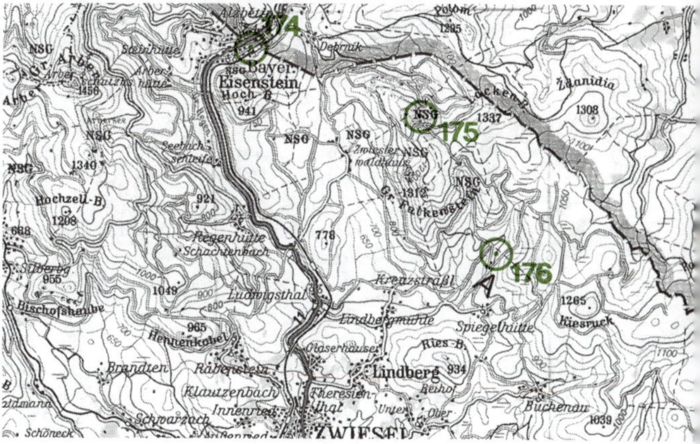

175 Geschwisterahorn und Familienbuche auf dem Ruckowitzschachten bei Zwiesel

Baumart: Bergahorn/Buche
Alter: 300-400/300-400 Jahre
Höhe: 15/11 m Krone: 14/10 m
Umfang: 395/410 cm
Besonderheiten: Bäume drehen sich umeinander, weichen wieder auseinander, sind so vereint, daß sie ein Baum sein könnten. Krone zerzaust, Äste abgebrochen
Forstamt: Zwiesel
Standort: nördlich des Großen Falkensteins am Salzweg; Ludwigsthal über Waldhausstraße zum Zwieseler Waldhaus, nach Osten über Schillerweg (1,5 km) abbiegend in Falkensteiner Straße nach Norden; nach rd. 4 km links abbiegen in Salzweg, nach 0,5 km Ruckowitzschachten,

Bäume 300 m nach Westen, 20 m nebeneinanderstehend
Literatur: Fr., St.

176 Eibe in Scheuereck

Baumart: Eibe
Alter: ca. 800 Jahre
Höhe: 12 m Krone: 10 m
Umfang: 155 cm
Besonderheiten: Privatgrund
Forstamt: Regen
Standort: auf dem Anwesen des Besitzers

177 Linde bei Wiesenfelden

Baumart: Linde
Alter: ca. 600 Jahre
Höhe: 33 m Krone: 25 m
Umfang: 780 cm
Besonderheiten: Winterlinde
Forstamt: Mitterfels
Standort: auf dem Hofgrundstück des Besitzers

178 Linde am Bielhof bei Parkstetten

Baumart: Linde
Alter: ca. 400 Jahre
Höhe: 22 m Krone: 20 m
Umfang: 690 cm
Besonderheiten: Winterlinde mit Totenbrettern und Kreuz
Forstamt: Mitterfels
Standort: an der Straße Kößnach-Fischerdorf

179 Eiche am Puchhof bei Aholfing

Baumart: Eiche
Alter: ca. 300 Jahre
Höhe: 30 m Krone: 20 m
Umfang: 640 cm
Besonderheiten: starker Solitär

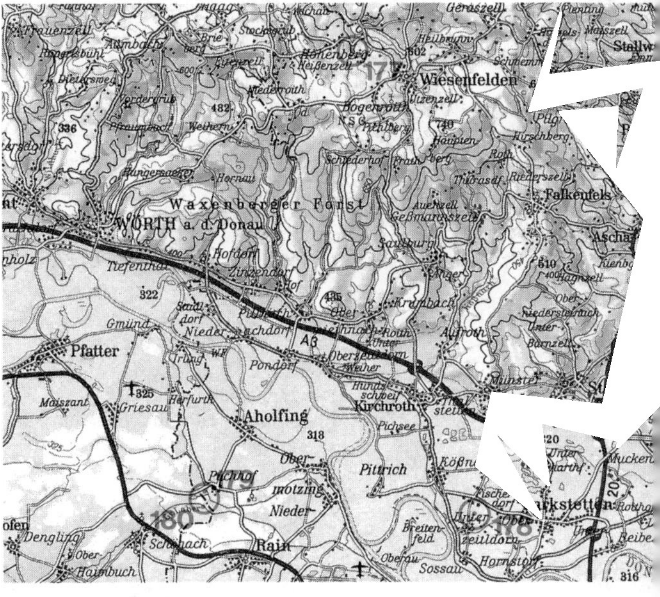

Forstamt: Mitterfels
Standort: 100 m nördlich der Laaber, 250 m westlich des Schuhbauerdenkmals

180 Eiche an der Hochfahrtsscheune bei Aholfing

Baumart: Eiche
Alter: 400 Jahre
Höhe: 30 m Krone: 25 m
Umfang: 655 cm
Besonderheiten: auffallender Baum
Forstamt: Mitterfels
Standort: 80 m südlich der Hochfahrtsscheune des Puchhofs

181 Eiche bei Kelheim

Baumart: Eiche
Alter: 300-350 Jahre
Höhe: 29 m Krone: 19 m
Umfang: 635 cm
Besonderheiten: im Volksmund als Tausendjährige Eiche bezeichnet
Forstamt: Kelheim
Standort: an der Straße zwischen Essing und Ihrlerstein

182 Buche in der Flur Herrnsaal

Baumart: Buche
Alter: 200-300 Jahre
Höhe: 30 m Krone: 25 m
Umfang: 450 cm
Besonderheiten: sehr starke vollastige Krone, weit ausladend
Forstamt: Kelheim
Standort: neben der Eiche auf dem Flur am Waldrand

183 Eiche in der Flur von Herrnsaal

Baumart: Eiche
Alter: ca. 250 Jahre
Höhe: 25 m Krone: 25 m
Umfang: 540 cm
Besonderheiten: vollbekront

Forstamt: Kelheim
Standort: in der Flur auf dem Ochsenecker

184 Buche bei Wildenberg

Baumart: Buche
Alter: ca. 350 Jahre
Höhe: 25 m Krone: 19 m
Umfang: 300 cm
Besonderheiten: auffallend starker Baum
Forstamt: Siegenburg
Standort: Straße Wildenberg-Gressau, am Waldrand 100 m unterhalb der Straße

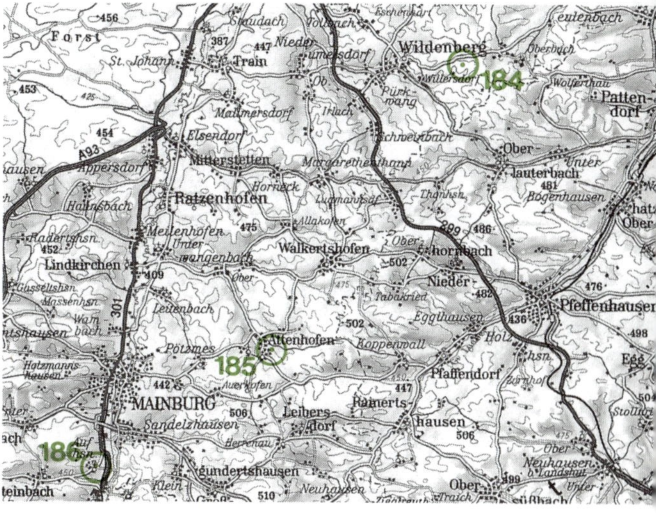

185 Buche in Attenhofen

Baumart: Buche
Alter: 200-300 Jahre
Höhe: 30 m Krone: 14 m
Umfang: 350 cm
Besonderheiten: Privatgrundstück
Forstamt: Siegenburg
Standort: in Attenhofen, auf dem Grundstück des Besitzers

186 Linde in Aufhausen

Baumart: Linde
Alter: ca. 300 Jahre
Höhe: 8 m Krone: 11 m
Umfang: 410 cm
Besonderheiten: stark gestützt, z.T. morsch
Forstamt: Siegenburg
Standort: in Ortsmitte Aufhausen

187 Gerichtslinde in Ergolding

Baumart: Linde
Alter: ca. 400 Jahre
Höhe: 20 m Krone: 10 m
Umfang: 700 cm
Besonderheiten: Gerichtslinde, Sommerlinde
Forstamt: Landshut
Standort: in Ergolding-Ortsmitte, unmittelbar an der Hauptdurchfahrtsstraße

Deggendorf

188 Linde bei der Uttobrunnkapelle

Baumart: Linde
Alter: 300-400 Jahre
Höhe: 25 m Krone: 21 m
Umfang: 560 cm
Besonderheiten: Die Legende erzählt, daß der fromme Utto sich in diesem Tal als Klausner niedergelassen habe; auf ein Gebet hin sei hier ein Quell entsprungen. Hier traf der Kaiser Karl Utto und versprach ihm den Bau eines Klosters
Forstamt: Deggendorf
Standort: 6 m westlich der Uttobrunnkapelle in Uttobrunn

189 Buche bei Greising

Baumart: Buche
Alter: ca. 150 Jahre
Höhe: 25 m Krone: 25 m
Umfang: 320 cm
Besonderheiten: mehrtriebige Buche
Forstamt: Deggendorf
Standort: am Waldrand, an einem Feld-Waldweg in unmittelbarer Ortsnähe

Deggendorf/ Freyung-Grafenau (ab 191)

190 Linde an der Kirche in Schaufling

Baumart: Linde
Alter: ca. 300 Jahre
Höhe: 20 m Krone: 20 m
Umfang: 540 cm
Besonderheiten: Unter der Winterlinde, die neben der 1870 erbauten Kirche steht, soll früher eine Kapelle gestanden haben
Forstamt: Deggendorf
Standort: an der Kirche Schaufling

191 Drei große Fichten bei der Racheldiensthütte im Nationalpark Bayerischer Wald

Baumart: Fichte
Alter: 200-250 Jahre
Höhe: 40 m Krone: 15-20 m
Umfang: 95/105/110 cm
Besonderheiten: Baumgruppe aus 3 Solitärfichten mit weit ausladenden Kronen
Forstamt: Nat. P. Bay. Wald
Standort: Straße zur Racheldiensthütte (Rachelsee), beim Touristenhaus Racheldiensthütte

192 Große Tanne und alte Eibe im Nationalpark Bayerischer Wald

Baumart: Tanne/Eibe
Alter: ca. 300/500 Jahre
Höhe: 43/39/10 m
Krone: 10/10/8 m
Umfang: 105/125/33 cm
Besonderheiten: mächtige Alttannen – Eibe Reliktvorkommen
Forstamt: Nat. P. Bay. Wald

Standort: am Wanderweg von der Racheldiensthütte zum Rachelsee, ca. 1,5 km vom Parkplatz entfernt

193 Große Linde von St. Oswald

Baumart: Linde
Alter: ca. 600 Jahre
Höhe: 33 m Krone: 18 m
Umfang: 125 cm
Besonderheiten: mächtiger Solitärbaum in der Nähe des Klosters St. Oswald (gegr. um 1390), vermutlich zur Abgrenzung des Klosterbereiches gepflanzt
Forstamt: Nat. P. Bay. Wald
Standort: Ortsmitte St. Oswald, an der Auffahrt zum ehemaligen Forstamt St. Oswald

194 Schöne Eiche in Hals

Baumart: Eiche
Alter: 375 Jahre *
Höhe: 24 m Krone: 20 m
Umfang: 560 cm
Besonderheiten: Sie verzweigt in 2 m Höhe in 4 Stämme und bildet durch ihre knorrige, wuchtige Form ein bestimmendes Landschaftselement der Rodungsinsel Hals
Forstamt: Freyung
Standort: vor dem ehemaligen Forsthaus in Hals, Gemarkung Saldenburg

195 Linden bei Gessenreuth

Baumart: Linde
Alter: ca. 400 Jahre
Höhe: 27 m Krone: 20 m
Umfang: 480-620 cm
Besonderheiten: durch Sturm Stamm

und Krone stark beschädigt, aber noch lebensfähig
Forstamt: Freyung
Standort: am Waldrand bei Gessenreuth

196 Achtgipflige Kandelaberfichte bei Bischofsreut

Baumart: Fichte
Alter: ca. 120-150 Jahre
Höhe: 35 m Krone: 10 m
Umfang: 300 cm
Besonderheiten: besondere Wuchsform durch Mehrgipfeligkeit
Forstamt: Neureichenau
Standort: an der Tummelplatzstraße in Waldabt. XIV 5, Forstdienststelle Gramet, Hutefichte an Steinmauer

197 Mammuttanne im Staatsforst des Forstamtes Neureichenau

Baumart: Tanne
Alter: ca. 250 Jahre
Höhe: 21 m Krone: 8 m
Umfang: 390 cm
Besonderheiten: durch Sturm 1990 Gipfelbruch, mehrere Nebengipfel, bizarre Krone, Sehenswürdigkeit
Forstamt: Neureichenau
Standort: im Staatswaldbereich Brennerin, Brennerbach aufwärts, deutlich markiert

198 Linde in Jacking

Baumart: Linde
Alter: 500-600 Jahre
Höhe: 17 m Krone: 19 m
Umfang: 720 cm
Besonderheiten: sieht aus wie ein einäugiger, freundlicher Riese oder Gnom; Winterlinde
Forstamt: Passau
Standort: B 85 Richtung Passau, vor dem Gasthof Knott
Literatur: Fr.

199 St. Georgs-Eiche bei Marterberg

Baumart: Eiche
Alter: 600-800 Jahre
Höhe: 28 m Krone: 26 m
Umfang: 640 cm
Besonderheiten: Stieleiche, saniert
Forstamt: Griesbach i. Rottal
Standort: Waldrand 500 m nördlich Marterberg am Wegekreuz

200 Starkfichte am Waldlehrpfad bei Reutern

Baumart: Fichte
Alter: ca. 180 Jahre
Höhe: 42 m Krone: 8 m

Umfang: 400 cm
Besonderheiten: starker Einzelbaum
Forstamt: Griesbach i. Rottal
Standort: direkt am Waldlehrpfad in der Staatswaldabteilung Haberkirch

201 Eiche bei Birnbach

Baumart: Eiche
Alter: ca. 400 Jahre
Höhe: 25 m Krone: 19 m
Umfang: 530 cm
Besonderheiten: alter Überhälter
Forstamt: Simbach a. Inn
Standort: 300 m unterhalb der Rottbrücke, südwestlich von Birnbach auf dem linken Ufergelände bei Gries

202 Eiche in Lehndobl

Baumart: Eiche
Alter: 400-500 Jahre
Höhe: 30 m Krone: 13 m
Umfang: 590 cm
Besonderheiten: hohler Stamm
Forstamt: Simbach a. Inn
Standort: 30 m vom Hof in Lehndobl, neben der Scheune

203 Eiche am Taschnerhof bei Eggenfelden

Baumart: Eiche
Alter: ca. 200 Jahre
Höhe: 30 m Krone: 30 m
Umfang: 600 cm
Besonderheiten: Stieleiche, in der Krone verlichtet
Forstamt: Simbach a. Inn
Standort: unmittelbar beim Taschnerhof

204 Eiche bei Unterholzen

Baumart: Eiche
Alter: 300-400 Jahre
Höhe: 27 m Krone: 21 m
Umfang: 650 cm
Besonderheiten: Bei der Rodung des Laubholzbestandes vor 120 Jahren wurde die Eiche nicht mitgerodet, anscheinend war sie damals schon zu mächtig
Forstamt: Simbach a. Inn
Standort: Forstort Deingruber Holz, im Wildgehege, etwa 50 m nordwestlich des Hofes

Regierungsbezirk Oberbayern
Eichstätt

205 Große Eiche in Ottersdorf

Baumart: Eiche
Alter: über 600 Jahre
Höhe: 29 m Krone: 24 m
Umfang: 785 cm
Besonderheiten: auch 1000jährige Eiche genannt; gewaltiger walzenförmiger Stamm, der sich in 6–8 m Höhe in mehrere senkrecht wachsende Bäume aufteilt
Forstamt: Beilengries
Standort: 200 m nordöstlich von Altmannstein, Ortsteil Ottersdorf, am Waldrand

206 Bavaria – Buche bei Pondorf

Baumart: Buche
Alter: 300-400 Jahre
Höhe: 25 m Krone: 29 m
Umfang: 820 cm
Besonderheiten: kugelförmige, volle Krone, sehr starke Stammpartie, landschaftsprägend; einer der meistfotografierten Bäume Deutschlands
Forstamt: Beilngries
Standort: in der Feldmark von Pondorf in Richtung Stenzenhof
Literatur: Fr., Go.

207 Linde in Kesselberg

Baumart: Linde
Alter: über 500 Jahre
Höhe: 23 m Krone: 20 m
Umfang: 740 cm
Besonderheiten: in 5 m Höhe in mehrere Bäume aufgeteilt, hohl, aber voll belaubt, mehrfach ausgebrochen; vor dem Baum kleine Kapelle, daneben Sühnekreuz
Forstamt: Schernfeld
Standort: westlicher Ortsausgang, an der Straße nach Reuth a. W.

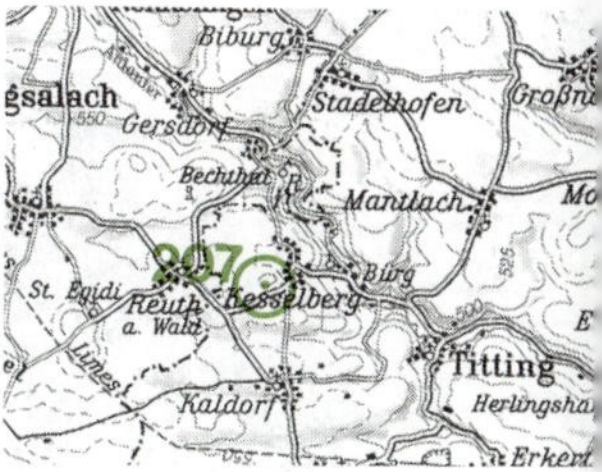

208 Linde in Kasing

Baumart: Linde
Alter: über 600 Jahre
Höhe: 25 m Krone: 15 m
Umfang: 560 cm
Besonderheiten: stark verwachsener Erdstamm, voll belaubt, früherer Gerichtsbaum, gehörte zum Gutshof
Forstamt: Kipfenberg
Standort: vor dem Friedhof

209 Linde bei Wasserzell

Baumart: Linde
Alter: ca. 200 Jahre
Höhe: 30 m Krone: 20 m
Umfang: 500 cm
Besonderheiten: Der mächtige Stamm teilt sich in viele kräftige Äste, die eine starke Krone aufbauen
Forstamt: Eichstätt
Standort: Die Linde steht zusam-

men mit einem Marterl neben dem Stadtweg, der von Wasserzell über den Frauenberg nach Eichstätt führt

210 Eiche bei Gammersfeld

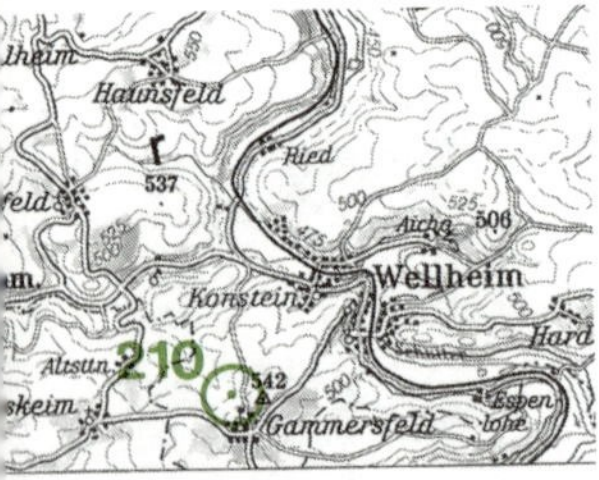

Baumart: Eiche
Alter: ca. 200 Jahre
Höhe: 30 m Krone: 15 m
Umfang: 350 cm
Besonderheiten: Es handelt sich um ein besonders mächtiges Exemplar
Forstamt: Eichstätt
Standort: 600 m nördlich von Gammersfeld, direkt am Waldrand

211 Eiche im Gerolfinger Eichenwald

Baumart: Steineiche
Alter: 400 Jahre *
Höhe: 24 m Krone: 24 m
Umfang: 650 cm
Besonderheiten: breiter, gedrungener, zusammengepreßter Stamm, in 5 m Höhe geköpft, in mehrere Bäume aufsteigend
Forstamt: Ingolstadt (Stadtforst)
Standort: Stadtwald Ingolstadt, Gemarkung Gerolfingen, am Rande einer kleinen Waldinsel im Feld an einem Wanderweg
Literatur: Fr., St.

212 Eiche im Wald bei Feldkirchen

Baumart: Eiche
Alter: ca. 250 Jahre
Höhe: 30 m Krone: 35 m
Umfang: 410 cm
Besonderheiten: Stieleiche, voll bekronter Solitär mit auffallend geschwungenen Ästen
Forstamt: Neuburg an der Donau
Standort: östlich der Forststraße Dofer Hof – Kreut, im Westen der Waldabteilung VII 4a Birkenloh

213 Eiche im Sehensander Forst

Baumart: Eiche
Alter: ca. 300 Jahre
Höhe: 28 m Krone: 15 m
Umfang: 420 cm
Besonderheiten: Zwiesel ab 7 m, Stieleiche
Forstamt: Neuburg an der Donau
Standort: in der Nähe von Sehensand, im SW der Waldabt. VII 2b Nonnenloh, 50 m von der südlichen Besitzgrenze nach Norden

214 Kastuluslinde bei Hög

Baumart: Linde
Alter: 500-600 Jahre
Höhe: 22 m Krone: 20 m
Umfang: 690 cm
Besonderheiten: Zwiesel ab 1,8 m Höhe, Äste kandelaberförmig im Kronenraum aufgestellt, Sommerlinde
Forstamt: Geisenfeld
Standort: oberhalb der Wallfahrtskirche St. Kastl bei Langenbruck, neben der Wallfahrtskapelle
Literatur: Fr., St.

Pfaffenhofen

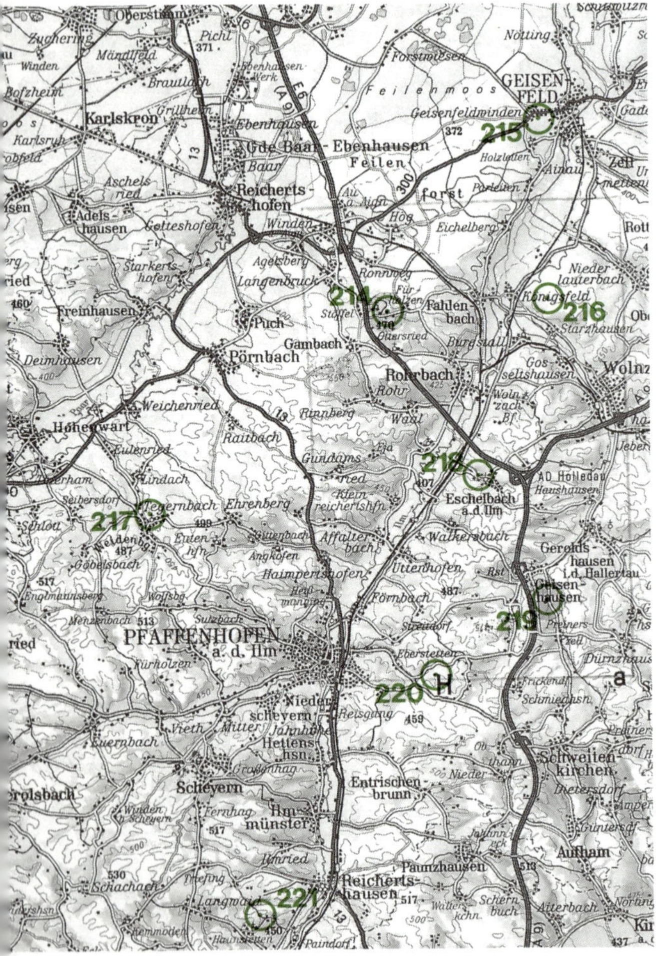

215 Linde in Geiselfeldwinden

Baumart: Linde
Alter: 300-400 Jahre
Höhe: 30 m Krone: 30 m
Umfang: 700 cm
Besonderheiten: die mächtige Winterlinde verzweigt sich nach 3 m Erdstamm in zahlreiche, teils mächtige Hauptarme
Forstamt: Geisenfeld
Standort: in Geiselfeldwinden neben der Kirche

216 Eiche im Königsfelder Holz

Baumart: Eiche
Alter: 300-500 Jahre
Höhe: 26 m Krone: 17 m
Umfang: 480 cm
Besonderheiten: Stieleiche mit gut entwickelter Krone, einige Astabbrüche, Stammfäule
Forstamt: Geisenfeld
Standort: am Waldrand der Abt. VIIb, Königsfelder Holz, südlich der Auhöfe

217 Linden auf dem Kapellenhügel in Tegernbach

Baumart: Linde
Alter: ca. 250 Jahre
Höhe: 30 m Krone: 18 m
Umfang: 330-410 cm
Besonderheiten: Beide Winterlinden haben eine einseitig ausgeformte Krone, der stärkere Stamm wurde baumchirurgisch behandelt
Forstamt: Geisenfeld
Standort: vor der Kapelle in Tegernbach

218 Eiche am Pfarrhaus in Eschelbach

Baumart: Eiche
Alter: 300-400 Jahre
Höhe: 35 m Krone: 30 m
Umfang: 800 cm
Besonderheiten: die mächtige Stieleiche ist vierstämmig
Forstamt: Geisenfeld
Standort: im Garten südlich des Pfarrhauses, 40 m von diesem entfernt

219 Linde bei Geisenhausen

Baumart: Linde
Alter: 600-700 Jahre
Höhe: 26 m Krone: 28 m
Umfang: 835 cm
Besonderheiten: Kronenbildung durch 10 starke Äste ab etwa 3,5 m Höhe, alter Brandschaden im oberen Kronenraum, hohl
Forstamt: Geisenfeld
Standort: an der Marienkapelle inmitten der Flur
Literatur: Fr.

220 Buche bei Eberstetten

Baumart: Buche
Alter: ca. 200 Jahre
Höhe: 25 m Krone: 30 m
Umfang: 580 cm
Besonderheiten: relativ schlechter Zustand der sehr imposanten Kugelbuche
Forstamt: Geisenfeld
Standort: östlich von Eberstetten, auf einer Anhöhe im Feld am Zweckhof

221 Eiche bei Ilmberg

Baumart: Eiche
Alter: 400-500 Jahre

Höhe: 25 m Krone: 36 m
Umfang: 700 cm
Besonderheiten: starke Stieleiche
Forstamt: Geisenfeld
Standort: nordöstlich von Ilmberg in einer Wiese

222 Alte Linde vor Arndorf

Baumart: Linde
Alter: ca. 600 Jahre
Höhe: 30 m Krone: 18 m
Umfang: 750 cm
Besonderheiten: eine mächtige Erscheinung
Forstamt: Anzing
Standort: vor Ortseingang von Arndorf

223 Linde auf der Anhöhe bei Itzling

Baumart: Linde
Alter: ca. 400 Jahre
Höhe: 26 m Krone: 22 m
Umfang: 620 cm
Besonderheiten: gut gewachsene Sommerlinde mit tief herabhängenden Zweigen, eindrucksvoll
Forstamt: Anzing
Standort: auf der Anhöhe bei Itzling

224 Alte Gerichtslinde in Erding

Baumart: Linde
Alter: ca. 600 Jahre
Höhe: 12 m Krone: 12 m
Umfang: 560 cm
Besonderheiten: Stamm ausgehöhlt und mit Beton gefüllt, muß saniert werden
Forstamt: Anzing
Standort: vor dem Finanzamt in der Münchener Straße in Erding

Wartenberg
Kirchberg
222
223
Auerbach
Fraunberg
Stein-
kirchen
Hohen-
polding
Wambach
Inning
a. Holz
Taufkir-
chen (Vils)
388
Moosen
Hubenstein
Grünbach
Gr.
Köchlham
Bockhorn
225
Eibach
DORFEN
Matzbach
Niedergeisbach
226
Walperts-
kirchen
Lengdorf
227
Isen
228
St.
Wolfgang
229
Buch
a. Buchrain
Westach
Forstern
230
231
Mittbach
Kirch-
dorf
Haag i. OB
Schwindkirchen
Baierbach
Neufraunhofen

225 Linde in Jakobrettenbach

Baumart: Linde
Alter: ca. 350 Jahre
Höhe: 26 m Krone: 18 m
Umfang: 710 cm
Besonderheiten: durch Sturm Hauptast ausgebrochen, trotzdem starke Sommerlinde
Forstamt: Anzing
Standort: in Jakobrettenbach auf der Wiese hinter der Kirche

226 Linde am Feldkreuz bei Neufahrn

Baumart: Linde
Alter: ca. 300 Jahre
Höhe: 26 m Krone: 14 m
Umfang: 620 cm
Besonderheiten: vom Sturm zerzauste Sommerlinde
Forstamt: Anzing
Standort: 200 m westlich von Walpertskirchen, Ortsteil Neufahrn, auf einer Wiese am Feldkreuz, von der Gemeindeverbindungsstraße aus gut zu sehen

227 Zwei alte Eichen an der Straße nach Isen

Baumart: Eiche
Alter: ca. 400 Jahre
Höhe: 25 m Krone: 22 m
Umfang: 560 cm
Besonderheiten: die nördliche Eiche mit vielen Trockenästen, die südliche ganz gesund, beide Stieleichen
Forstamt: Anzing
Standort: 2 km vor Isen an der Straße, beide Eichen 400 m voneinander entfernt

228 Linde in Isen

Baumart: Linde
Alter: 800-900 Jahre
Höhe: 20 m Krone: 7 m
Umfang: 620 cm
Besonderheiten: mächtige Sommerlinde, z.T. stark verstümmelt
Forstamt: Anzing
Standort: in Isen am Kellerberg

229 Alte Linde in Klaus bei St. Wolfgang

Baumart: Linde
Alter: ca. 1000 Jahre
Höhe: 23 m Krone: 22 m
Umfang: 970 cm
Besonderheiten: Der einst starke Stamm ist in mehrere Teilstücke aufgelöst, die sich aber durchaus kräftig entwickelt haben; aus altem Holz wächst aufrecht junges Grün; Sommerlinde
Forstamt: Anzing
Standort: an der Kapelle des Hl. Stephanus unweit der B 15 in Klaus
Literatur: Fr., St.

230 Linde an der Kirche in Pemmering

Baumart: Linde
Alter: ca. 350 Jahre
Höhe: 30 m Krone: 26 m
Umfang: 590 cm
Besonderheiten: sehr starker, voll bekronter Baum, gesund
Forstamt: Anzing
Standort: an der Kirche

231 Bergahorn in Reit

Baumart: Ahorn
Alter: ca. 300 Jahre
Höhe: 26 m Krone: 24 m
Umfang: 460 cm

Besonderheiten: Baum mit auffallend starker Krone
Forstamt: Anzing
Standort: auf dem Hof Wiefarn in Reit

232 Moy Linde auf Burg Haag

Baumart: Linde
Alter: 300-400 Jahre
Höhe: 23 m Krone: 20 m
Umfang: 520 cm
Besonderheiten: starker Stamm, Zwiesel in 4 m Höhe, Äste wie ein Baldachin abgesenkt; sehr altes Efeu an der Schloßmauer; wahrscheinlich als Friedenslinde nach dem 30jährigen Krieg gepflanzt
Forstamt: Mühldorf
Standort: vor der Burg im Südwesten auf dem Wall; weitere Altbäume – Kastanien, Eschen und Linden – im Hofgarten

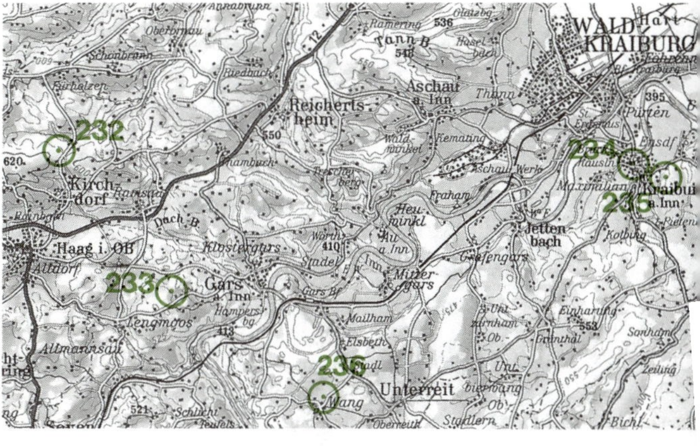

233 Linde an der Kapelle bei Reichgreissel

Baumart: Linde
Alter: 300-400 Jahre
Höhe: 26 m Krone: 27 m
Umfang: 600 cm
Besonderheiten: Die breitkronige Linde schützt die Kapelle. In 8 m Höhe teilt sich der Erdstamm in viele aufragende Bäume und Kandelaberäste auf; hohl
Forstamt: Mühldorf
Standort: im Feld neben Kapelle, 100 m nördlich der Kreisstraße Mü 17 Gars – Lengmoos

234 Eiche in Kraiburg am Inn

Baumart: Eiche
Alter: ca. 300 Jahre
Höhe: 26 m Krone: 32 m
Umfang: 600 cm
Besonderheiten: starker Stamm mit gewaltigen Stelzfüßen und ungewöhnlich breiter Krone
Forstamt: Mühldorf
Standort: in Kraiburg an der Wasserburger Straße

235 Linde auf Hof Berg bei Kraiburg am Inn

Baumart: Linde
Alter: 800-1000 Jahre
Höhe: 16 m Krone: 15 m
Umfang: 830 cm
Besonderheiten: ungeheuer wuchtiger Erdstamm, voller Beulen, Köpfe, Gesichter und Falten; teilweise hohl und verwuchert; Märchenfigur, ehemaliger Gerichtsbaum
Forstamt: Mühldorf
Standort: am Hof Berg, 1 km südöstlich oberhalb Kraiburg am Rande des Steilabfalles

236 Linde in Wang

Baumart: Linde
Alter: ca. 300 Jahre
Höhe: 25 m Krone: 24 m
Umfang: ca. 420/380 cm
Besonderheiten: vom Boden aus 2 Bäume, Form wie ein V, ein Stamm hohl, saniert
Forstamt: Mühldorf
Standort: in Wang an kleiner Kapelle, die 1843 erbaut wurde

237 Gramsamer Eiche

Baumart: Eiche
Alter: ca. 250 Jahre
Höhe: 25 m Krone: 20 m
Umfang: 620 cm
Besonderheiten: vollkronige Stieleiche, auch Kerudeleiche genannt
Forstamt: Traunstein
Standort: in der Ortsmitte von Gramsam

238 Mozarteiche bei Seeon

Baumart: Eiche
Alter: 200-250 Jahre
Höhe: 18 m Krone: 20 m
Umfang: 430 cm
Besonderheiten: W. A. Mozart war von Salzburg aus öfter zu Besuch im musikalischen Benediktinerkloster Seeon. Es wird erzählt, daß Mozart bei Spaziergängen auf einer Bank vor dieser Eiche auszuruhen pflegte. Stieleiche
Forstamt: Traunstein
Standort: am Spazierweg Kloster Seeon-Weinberg, westlich Klostersee

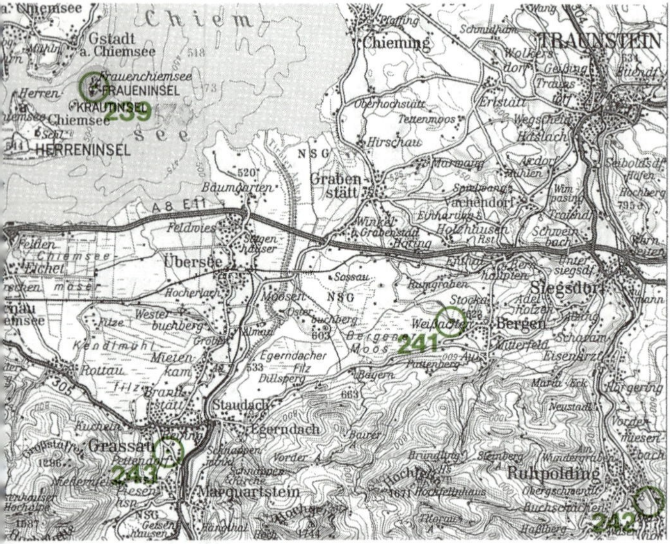

239 Linde auf Frauenchiemsee

Baumart: Linde
Alter: ca. 1000 Jahre
Höhe: 35 m Krone: 24 m
Umfang: 800 cm
Besonderheiten: besonders starke, alte Linde, Versammlungsort
Forstamt: Wasserburg
Standort: Frauenchiemsee vor der Kriegergedächtniskapelle
Literatur: Fr.

240 Tandlmaier Linde

Baumart: Linde
Alter: ca. 400-500 Jahre
Höhe: 22 m Krone: 20 m
Umfang: 730 cm
Besonderheiten: 3stämmige Sommerlinde
Forstamt: Traunstein
Standort: an der Straße Surberg-Surbergbichl, bei der Abzweigung nach Tandlmaier

241 Buche bei Achenstauden

Baumart: Buche
Alter: ca. 300 Jahre
Höhe: 18 m Krone: 30 m
Umfang: 480 cm
Besonderheiten: starke Solitärbuche, auch Peter-Maier-Buche genannt
Forstamt: Traunstein
Standort: Weiße Achenbrücke, nördlich von Weidnach

242 Kapellenlinden von St. Valentin in Zell

Baumart: Linde
Alter: 500-800 Jahre
Höhe: 15/25/25 m Krone: 6-20 m
Umfang: 225, 340, 540 cm
Besonderheiten: ein recht schwacher, ein mittelstarker und ein stärkerer Baum; alle drei sollen gleich alt sein, auch wenn sie noch so verschieden aussehen; Winterlinden
Forstamt: Ruhpolding
Standort: Ruhpolding-St. Valentin, an der St. Valentin-Kapelle
Literatur: Fr., St.

243 Kapellen-Linden bei Grassau

Baumart: Linde
Alter: 250-300 Jahre
Höhe: 20 m Krone: 15 m
Umfang: 325-450 cm
Besonderheiten: Winterlinde
Forstamt: Traunstein
Standort: Wegegabel Pettendorfer Straße-Ortenburgstraße, an der Kapelle

244 Steiner-Linde in Bischofswiesen

Baumart: Linde
Alter: 400-600 Jahre
Höhe: 30 m Krone: 15 m
Umfang: 620 cm
Besonderheiten: mächtige alte Sommerlinde mit stark verzweigter und gut ausgebildeter Krone
Forstamt: Berchtesgaden
Standort: am Maximiliansreitweg, Waldrand/Feldflur

245 Kandelaberlärche bei Maria Gern

Baumart: Lärche
Alter: ca. 300 Jahre
Höhe: 29 m Krone: 12 m
Umfang: 400 cm
Besonderheiten: Stamm teilt sich in 4 m Höhe mehrfach kandelaberförmig
Forstamt: Berchtesgaden
Standort: hinter Gern, gegenüber Gasthaus Theresienklause, unmittelbar neben der Gemeindestraße

246 Seedaxe bei Maria Gern

Baumart: Fichte
Alter: ca. 400 Jahre
Höhe: 33 m Krone: 14 m
Umfang: ca. 430 cm
Besonderheiten: Stamm ist ab 2 m Höhe stark beastet
Forstamt: Berchtesgaden
Standort: an der Wegegabelung in der Hintergern rechter Wegestrang in Richtung Braunlehen, ca. 150 m ab Wegegabelung rechts an der Straße

247 Antenberg-Linde in Obersalzberg

Baumart: Linde
Alter: 800-900 Jahre
Höhe: 19 m Krone: 15 m
Umfang: 870 cm
Besonderheiten: Doppelstamm hohl, mächtiger Gipfel ist abgebrochen und liegt daneben
Forstamt: Berchtesgaden
Standort: am Skilift der US-Streitkräfte

248 Tanne am Königssee bei Schönau

Baumart: Tanne
Alter: ca. 350 Jahre
Höhe: 45 m Krone: 10 m
Umfang: 465 cm
Besonderheiten: mächtiger, tiefbekronter Altbaum; eine der stärksten Weißtannen im Berchtesgadener Land
Forstamt: Berchtesgaden
Standort: Waldabt. VIII 7 (1) Kaun, 975 m über NN; Schiff über Königssee nach Sallet, Kaunersteig Richtung Gotzenalm über Steiner Stiegen zum Leonhardi-Marterl; etwa nach 65 Min. bergaufwärts auf der linken Steigseite; starke Weißtanne

249 Linde bei Oberschönau

Baumart: Linde
Alter: ca. 600 Jahre
Höhe: 30 m Krone: 15 m
Umfang: 650 cm
Besonderheiten: aus dem ältesten Stammteil wachsen 5 Gipfel heraus
Forstamt: Berchtesgaden
Standort: ca. 50 m östlich des Anwesens Moosweg 10, am Mentenmoos

250 Große Linde in der Ramsau

Baumart: Linde
Alter: ca. 1000 Jahre
Höhe: 30 m Krone: 36 m
Umfang: 1250 cm
Besonderheiten: Von der Erde bis zum Himmel wölbt sich die Baumkrone – getragen von einem mächtigen Stamm. Sommerlinde
Forstamt: Berchtesgaden
Standort: außerhalb des Ortes Ramsau an der B 305
Literatur: Fr., Go., St.

251 Dunzmeier-Eiche in Griesstätt

Baumart: Eiche
Alter: ca. 230 Jahre
Höhe: 24 m Krone: 22 m
Umfang: 480 cm
Besonderheiten: freistehende Stieleiche
Forstamt: Wasserburg
Standort: am Ortsrand

252 Buche bei Hofham

Baumart: Buche
Alter: ca. 200 Jahre
Höhe: 38 m Krone: 24 m
Umfang: 660 cm
Besonderheiten: stark herausragender Stamm im Waldrand
Forstamt: Wasserburg
Standort: südlich des Weges von Hofham zur Straße Hemhof-Mauerkirchen, am westlichen Waldeck

253 Linde bei Guperding

Baumart: Linde
Alter: ca. 200 Jahre
Höhe: 25 m Krone: 18 m
Umfang: 420 cm
Besonderheiten: solitäre Sommerlinde
Forstamt: Wasserburg
Standort: bei der Kapelle Oswaldhof

254 Dorfplatz-Linde in Högling

Baumart: Linde
Alter: 300-600 Jahre
Höhe: 15 m Krone: 15 m
Umfang: 750 cm
Besonderheiten: mächtiger, alter Baum, völlig hohl, aber voll belaubt, gewaltige »Elefantenfüße«; Sommerlinde
Forstamt: Rosenheim
Standort: auf dem unteren Dorfplatz in Hogling

255 Linden in Weihenlinden

Baumart: Linde
Alter: ca. 300 Jahre
Höhe: 20 m Krone: 15 m
Umfang: 500 cm
Besonderheiten: Sommerlinden
Forstamt: Rosenheim
Standort: in Weihenlinden an der Wallfahrtskirche

256 Taferlbuche am Kampenziehweg bei Aschau

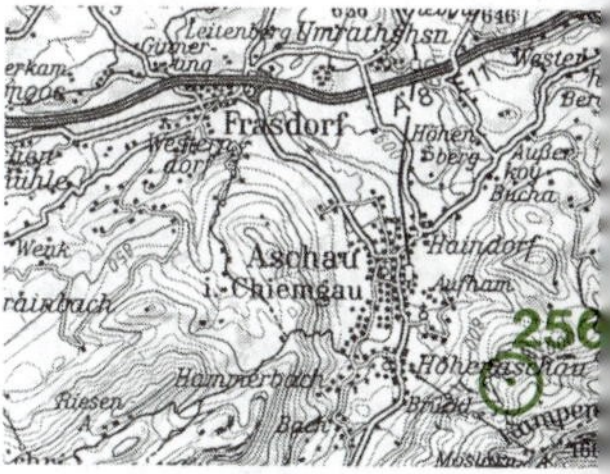

Baumart: Buche
Alter: ca. 250 Jahre
Höhe: 25 m Krone: 15 m
Umfang: 200 cm
Besonderheiten: angebrachte Votivtafel von 1735, die auf Unfallereignis mit Todesfolge hinweist, das dem Gräflichen Preysing'schen Oberjäger durch einstürzenden Holzganter zugestoßen ist
Forstamt: Rosenheim
Standort: Revier Aschau-Waldort VII 3 d, am Kampenziehweg

257 Eiche auf dem Gutshof Lichti

Baumart: Eiche
Alter: ca. 350 Jahre
Höhe: 20 m Krone: 20 m
Umfang: 610 cm
Besonderheiten: Stieleiche, wuchtiger Baum mit auffallend schönem Wuchs
Forstamt: Anzing
Standort: Gutshof Lichti, liegt im Nordwesten von Markt Schwaben

258 Eichen auf dem Hof in Wind

Baumart: Eiche
Alter: 250-300 Jahre
Höhe: 18 m Krone: 24/16/14 m
Umfang: 500/450/350 cm
Besonderheiten: 3 starke, reich verzweigte Stieleichen
Forstamt: Anzing
Standort: in Wind, Gehöft des Landwirts Kressierer an der Verbindungsstraße von Markt Schwaben nach Pastetten

259 Linde auf dem Schartlhof bei Moosach

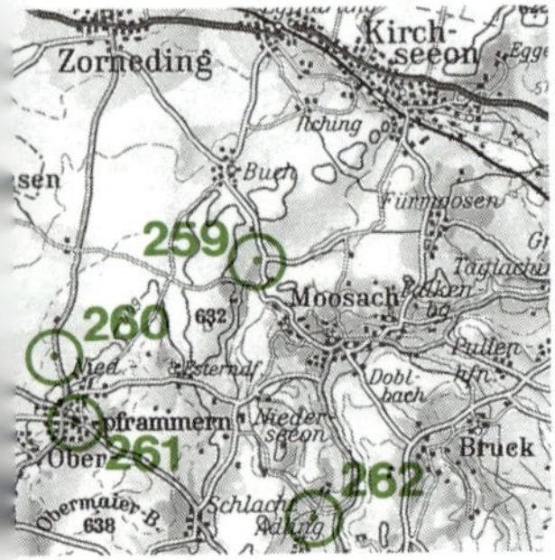

Baumart: Linde
Alter: 300-400 Jahre
Höhe: 22 m Krone: 20 m
Umfang: 540 cm
Besonderheiten: Winterlinde, mächtiger, gedrungener Stamm mit starken Ästen mit Kruzifix
Forstamt: Anzing
Standort: 1 km vor Moosach an der Straße von Zorneding nach Moosach

260 Linde am Kreuz von Oberpframmen

Baumart: Linde
Alter: 150-200 Jahre
Höhe: 20 m Krone: 16 m
Umfang: 380 cm
Besonderheiten: beuliger Stamm mit tiefangesetzter Krone
Forstamt: Anzing
Standort: am Ortsausgang

261 Alte Linden im Biergarten vom Alten Wirt zu Oberpframmen

Baumart: Linde
Alter: ca. 250 Jahre
Höhe: 25/22 m Krone: 12/10 m
Umfang: 550 cm
Besonderheiten: Bäume stehen 5 m nebeneinander
Forstamt: Anzing
Standort: Ortsmitte

262 Ahorn hinter der Kirche von Adling

Baumart: Ahorn
Alter: ca. 150 Jahre
Höhe: 28 m Krone: 14 m
Umfang: 400 cm
Besonderheiten: Erdstamm stark gedreht, in 8 m Höhe gezwieselt
Forstamt: Anzing
Standort: Gemeinde Glonn, Ortsteil Adling hinter der Kirche

263 Zwei Eichen bei Reinstorf

Baumart: Eiche
Alter: ca. 250 Jahre
Höhe: 20 m Krone: 18 m
Umfang: 450 cm
Besonderheiten: tiefbekronte Solitärbäume
Forstamt: Anzing
Standort: südwestlich von Klonn, 400 m von Kreuz entfernt im Feld

264 Eiche bei Zinneberg

Baumart: Eiche
Alter: ca. 500 Jahre
Höhe: 25 m Krone: 18 m
Umfang: 720 cm
Besonderheiten: sehr starker Baum, der sich in 7 m Höhe in mehrere Hauptachsen auflöst
Forstamt: Anzing
Standort: 100 m von der Schießstätte Richtung Georgenberg

265 Lindenallee am Schleisheimer Kanal

Baumart: Linde
Alter: 300 Jahre *
Höhe: 20 m Krone: 10 m
Umfang: 300 cm
Besonderheiten: vermutlich mit dem Bau des Isarkanals 1688 gepflanzt, Bestandteil der alten Ansichten der Schloßanlage
Forstamt: München
Standort: Allee- und Randpflanzung zwischen Wald und Isarkanal von Hochbrück bis zum Schloßgarten

266 Siebenstämmige Linde in Sauerlach

Baumart: Linde
Alter: 180-200 Jahre
Höhe: 35 m Krone: 28 m
Umfang: 880 cm
Besonderheiten: Die Sommerlinde verzweigt sich ca. 1 m über dem Boden aus einem geschlossenen Stamm; ortskernprägend
Forstamt: Sauerlach
Standort: im Ortszentrum der Gemeinde Sauerlach

267 Alte Linde in Obermarbach

Baumart: Linde
Alter: 300-400 Jahre
Höhe: 20 m Krone: 15 m
Umfang: 800 cm
Besonderheiten: skurril geformter,

ausgehöhlter Stamm, auf Stelzwurzeln stehend; in 6 m Höhe abgeknickt
Forstamt: München
Standort: am Kirchberg in Obermarbach an der Straße

268 Doppellinde vor Edenholzhausen

Baumart: Linde
Alter: ca. 350 Jahre
Höhe: 25 m Krone: 20 m
Umfang: 780 cm
Besonderheiten: zwei Bäume aus einer Wurzel, mächtig stark; Sammelplatz der Zugvögel
Forstamt: Fürstenfeldbruck
Standort: von Weichs auf der Straße Richtung Ainhofen, kurz vor Edenholzhausen, links vor dem Gehöft des Herrn Wex

269 Rotbuche bei Schmarnzell

Baumart: Buche
Alter: ca. 450 Jahre
Höhe: 14 m Krone: 16 m
Umfang: 800 cm
Besonderheiten: stark gedrehter Stamm, bizarre Wuchsform, sanierungsbedürftig
Forstamt: Fürstenfeldbruck
Standort: am Feldweg 150 m östlich von Schmarnzell

270 Eiche in Wollomoos

Baumart: Eiche
Alter: ca. 300 Jahre
Höhe: 18 m Krone: 14 m
Umfang: 450 cm
Besonderheiten: starker überragender Baum
Forstamt: Fürstenfeldbruck
Standort: in Wollomoos vor der ehemaligen Schule

271 Linde bei Altstetten

Baumart: Linde
Alter: ca. 300 Jahre
Höhe: 16 m Krone: 25 m
Umfang: 700 cm
Besonderheiten: wuchtiger Stamm, dreigeteilt, voll ausladend

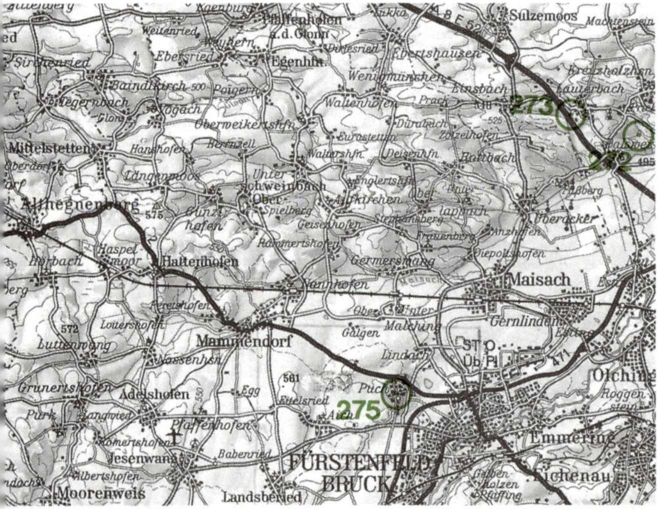

Forstamt: Fürstenfeldbruck
Standort: 300 m westlich von Altstetten, 80 m von der Straße von Ober-Roth herkommend im Feld

272 Tausendjährige Eiche von Eisolzried

Baumart: Eiche
Alter: ca. 700 Jahre
Höhe: 16 m Krone: 14 m
Umfang: 800 cm
Besonderheiten: knorriger alter Veteran
Forstamt: Fürstenfeldbruck
Standort: 150 m westlich vom Ortsrand von Eisolzried, an der Straße in Richtung Einsbach

273 Silberpappel in Lauterbach

Baumart: Pappel
Alter: ca. 120 Jahre
Höhe: 20 m Krone: 16 m
Umfang: 580 cm
Besonderheiten: starker Stamm, der sich in 4 m Höhe in viele Hauptäste auflöst, scheint ständig im Kampf mit dem Kirchturm zu stehen
Forstamt: Fürstenfeldbruck
Standort: an der Kirche

274 Alte Linde auf dem Karlshof in Dirlesried

Baumart: Linde
Alter: ca. 300 Jahre
Höhe: 18 m Krone: 20 m
Umfang: 550 cm
Besonderheiten: Kandelaberform, mächtiger Stamm, der in 4 m Höhe

sich in starke Einzelbäume auflöst
Forstamt: Fürstenfeldbruck
Standort: auf dem Karlshof in Dirlesried

275 Tausendjährige Edignalinde in Puch

Baumart: Linde
Alter: ca. 1000 Jahre
Höhe: 14 m Krone: 12 m
Umfang: 900 cm
Besonderheiten: bis in die Höhe von 6 m hinauf voller Wucherungen, Beulen und Knollen. Aus der Wurzel und dem ganzen Stamm sprießen junge Triebe, vereinigen sich mit älteren. Sommerlinde
Forstamt: Fürstenfeldbruck
Standort: neben der Kirche in Puch

276 Ferstl-Tanne bei Landsberg

Baumart: Tanne
Alter: 200-300 Jahre
Höhe: 46 m Krone: 15 m
Umfang: 485 cm
Besonderheiten: Herr Ferstl war Forstmeister der Stadt Landsberg; Tanne geschädigt
Forstamt: Landsberg a. Lech
Standort: Stadtwald bei Stillern

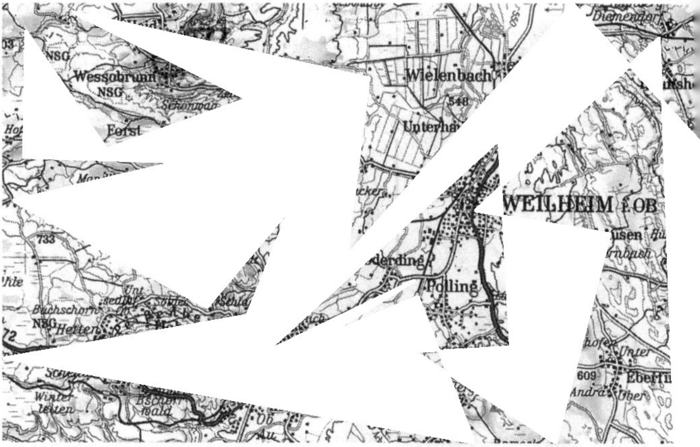

277 Tassilolinde bei Wessobrunn

Baumart: Linde
Alter: ca. 1000 Jahre
Höhe: 25 m Krone: 27 m
Umfang: 1320 cm
Besonderheiten: Der Baum besteht aus seinem Mantel, der in einige Bäume aufgegliedert ist, die alle aus einer Wurzel stammen; Sommerlinde. Zwei weitere starke Altlinden in Wessobrunn, eine mit Steintafel Wessobrunner Gebet
Forstamt: Weilheim
Standort: außerhalb der Klostermauern im Pfaffenwinkel
Literatur: Fr., Go., St.

278 Eibenwald bei Paterzell

Baumart: Eibe
Alter: bis 700 Jahre
Höhe: bis 15 m Krone: bis 10 m

Umfang: bis 350 cm
Besonderheiten: ungleich alter Wald mit starken Tannen, Fichten, Buchen, Bergahorn und vielen Eiben; schöne Baumgruppen, bizarre Eiben
Forstamt: Weilheim
Standort: beiderseits der Straße nach Paterzell westlich des Zellsees
Literatur: Fr., St.

279 Linde in Linden

Baumart: Linde
Alter: 800-900 Jahre
Höhe: 22 m Krone: 20 m
Umfang: 930 cm
Besonderheiten: Ein mächtiger Baum mit tausend Geschwüren, Beulen und Wunden belastet. Hohl, aber noch voller Leben; Sommerlinde
Forstamt: Weilheim
Standort: Wessobrunn-Linden unmittelbar am Ortseingang
Literatur: Fr.

280 Linde an der Kapelle St. Andrae bei Etting

Baumart: Linde
Alter: 400-500 Jahre
Höhe: 22 m Krone: 20 m
Umfang: 800 cm
Besonderheiten: 3 weitere Sommerlinden an der Kapelle in der Nachbarschaft
Forstamt: Weilheim
Standort: Polling-Etting, südöstlich im Feld

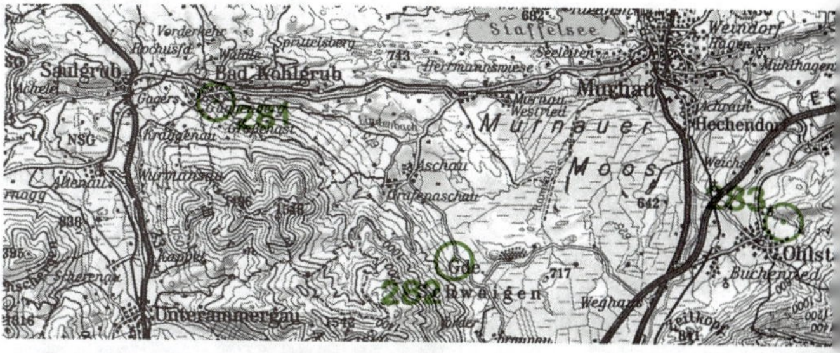

281 Dorflinde in Bad Kohlgrub

Baumart: Linde
Alter: ca. 250 Jahre
Höhe: 25 m Krone: 15 m
Umfang: 460 cm
Besonderheiten: Zwiesel, Winterlinde
Forstamt: Murnau
Standort: Ortsmitte, an der Hauptstraße von Bad Kohlgrub

282 Eiche bei Grafenaschau

Baumart: Eiche
Alter: ca. 350 Jahre
Höhe: 20 m Krone: 18 m
Umfang: 530 cm
Besonderheiten: starker Wegebaum
Forstamt: Murnau
Standort: zwischen Gutshof Grafenaschau und Ziegelhäusl, an der Straße nach Schwaigen

283 Linde am Fieberkirchlein bei Ohlstadt

Baumart: Linde
Alter: 268 Jahre *
Höhe: 19 m Krone: 16 m
Umfang: 350 cm
Besonderheiten: Eine Legende er-

zählt, daß hier der Teufel einen Priester, welcher zu einem Kranken die Hl. Wegzehrung trug, aufgehalten hat
Forstamt: Murnau
Standort: nördlich Ohlstadt an dem nach Schwaiganger führenden Fußweg, 300 m nördlich des Fieberkirchels in einer Viehweide

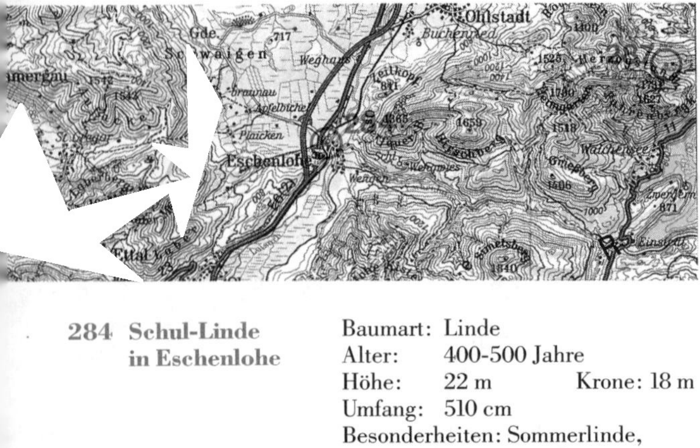

284 Schul-Linde in Eschenlohe

Baumart: Linde
Alter: 400-500 Jahre
Höhe: 22 m Krone: 18 m
Umfang: 510 cm
Besonderheiten: Sommerlinde, Zwiesel, 1975 saniert
Forstamt: Murnau
Standort: Murnauer Straße, gegenüber der Schule

285 Bergahorn im Schloßpark Linderhof

Baumart: Bergahorn
Alter: ca. 250 Jahre
Höhe: 20 m Krone: 8 m
Umfang: 400 cm
Besonderheiten: berühmter Park
Forstamt: Oberammergau
Standort: Schloßpark Linderhof, 10 m westlich der Bauhütte

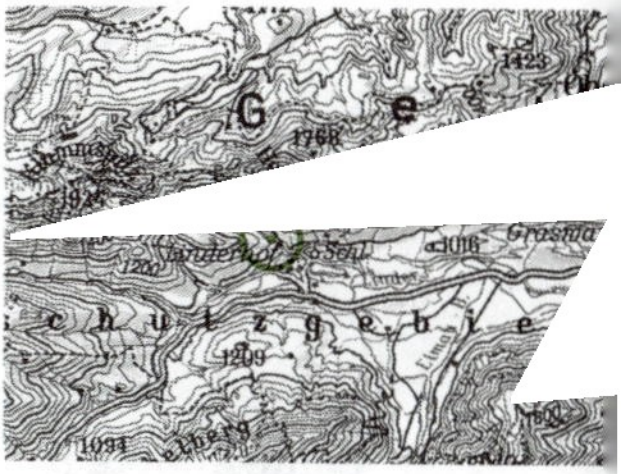

286 Zirbe am Schachenschlößchen

Baumart: Zirbe
Alter: ca. 200 Jahre
Höhe: 17 m Krone: 8 m
Umfang: 230 cm
Besonderheiten: Der Leittrieb ist mehrfach ausgebrochen, Seitenäste haben sich steil und kandelaberförmig nach oben geschwungen, aber sie ist gesund
Forstamt: Garmisch-Partenkirchen
Standort: Schachten gehört zur Wettersteinwand; zu Fuß von Elmau oder von Garmisch-Partenkirchen durch die Partnachklamm; gut markierte Wanderwege
Literatur: Fr.

287 Eibe am Herzogstand bei Kochel

Baumart: Eibe
Alter: 800-1000 Jahre
Höhe: 15 m Krone: 6 m
Umfang: 320 cm
Besonderheiten: walzenförmiger

Stamm, innen hohl, nach Norden völlig gesund, Spitze trocken (Blitzschlag); bekannt als Solitär
Forstamt: Bad Tölz
Standort: Waldweg vom Walchensee-Kraftwerk bis ca. 900 m über NN nach Süden, Jägersteig bis ehem. Jagdhütte (Kraushütte), 500 m parallel am Hang nach Westen, Waldstandort Grüb 5 XXVII
Literatur: Fr.

288 Linde in Berg

Baumart: Linde
Alter: 500-600 Jahre
Höhe: 21 m Krone: 18 m

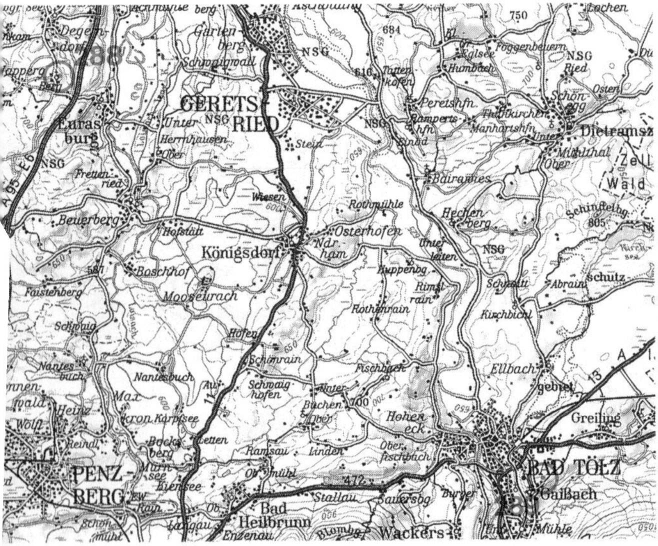

Umfang: 750 cm
Besonderheiten: Die sehr imposante Linde steht neben einem heute nicht mehr vorhandenen Ziehbrunnen, der 1985 wieder aufgebaut werden sollte. Winterlinde
Forstamt: Bad Tölz
Standort: an der Straße in Berg

289 Linde in Gaißach-Wetzl

Baumart: Linde
Alter: ca. 900 Jahre
Höhe: 20 m Krone: 18 m
Umfang: 670 cm
Besonderheiten: Zweistämmige Linde, die als Sehenswürdigkeit gilt, da man sie mittels Steigsprossen besteigen kann
Forstamt: Bad Tölz
Standort: Gaißach-Wetzel, im Wirtsgarten des Gasthauses »Lindenstüberl«

290 Der Große Dax-Baum bei Dürnbach

Baumart: Fichte
Alter: 150 Jahre *
Höhe: 34 m Krone: 15 m
Umfang: 365 cm
Besonderheiten: Kandelaberfichte mit baumstarken Kandelaberaufwüchsen, besonders aus dem unteren Kronenteil
Forstamt: Kreuth
Standort: Gemarkung Dürnbach, von Gmund-Finsterwald auf dem Weg zur Holzeralm
Literatur: Fr.

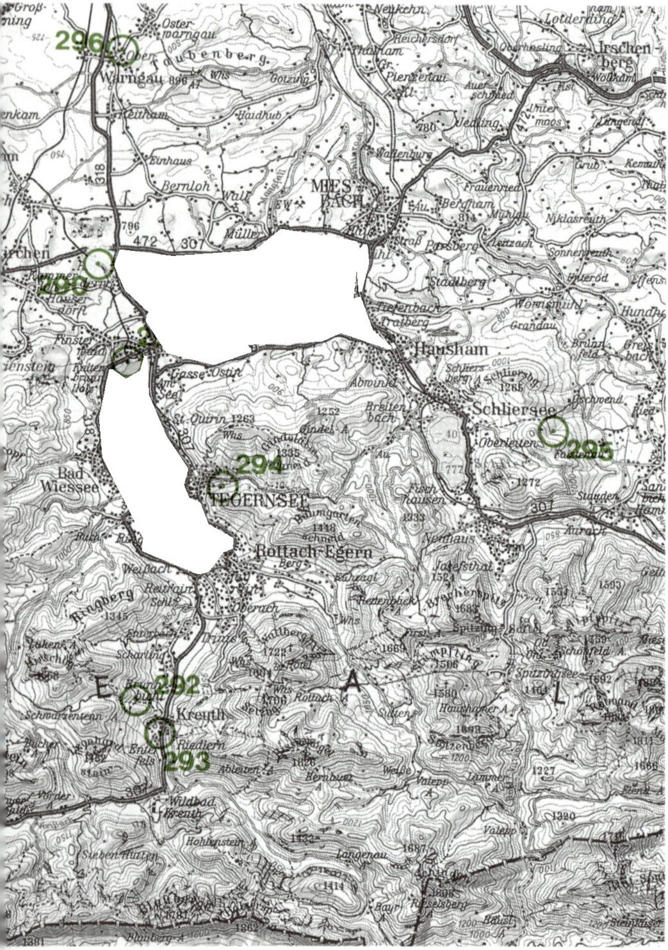

296
290
294
295
292
293
Warngau
Neukchn
Reichersdorf
Lotderding
Irschenberg
Haidhub
Einhaus
Bernloh
MIES BACH
Wallenburg
Frauenried
Niklasreuth
Parsberg
Leitzach
Sonnenreuth
Stadlberg
Tiefenbach
Hausham
Schliersee
Oberleiten
Gasse
Ostin
St. Quirin
Bad Wiessee
TEGERNSEE
Rottach-Egern
Baumgarten
Neuhaus
Josefsthal
Ringberg
Weißbach
Oberach
Wallberg
Spitzingsee
Kreuth
Riedlern
Scharling
Rottach
Valepp
Langenau
Wildbad Kreuth
Sieben Hütten
Hohlenstein
318
472
307

291 Linden auf Burg Eberhausen

Baumart: Linde
Alter: 150 Jahre *
Höhe: 25-30 m Krone: 15-20 m
Umfang: 395 cm
Besonderheiten: drei Winterlinden, eine Sommerlinde
Forstamt: Kreuth
Standort: am nordwestlichen Ende des Tegernsees, an der Straße nach Wiessee auf einem Hügel
Literatur: Fr.

292 Große Tanne bei Kreuth

Baumart: Tanne
Alter: 300-400 Jahre
Höhe: 35 m Krone: 6-8 m
Umfang: 710 cm
Besonderheiten: Starker Baum mit guten Dimensionen, konnte nicht genutzt werden, da viel zu stark zum Transport, kein Solitärbaumtyp
Forstamt: Kreuth
Standort: am Ringberg, untere Holzpointstraße in 1050 m Höhe

293 Esche in Kreuth

Baumart: Esche
Alter: ca. 300 Jahre
Höhe: 21 m Krone: 14 m
Umfang: 395 cm
Besonderheiten: Kuriosität (in Stamm- u. Astgabeln wachsen Fichten, Vogelbeeren u. Heckenkirschen)
Forstamt: Kreuth
Standort: im Dorfbereich

294 Große Buche am Paraplui über Tegernsee

Baumart: Buche
Alter: 250-300 Jahre
Höhe: 28 m Krone: 14 m
Umfang: 560 cm
Besonderheiten: alte Buche, vielleicht aus drei Bäumen zusammengewachsen; symbolisch für das Fürstentreffen von Zar Alexander, Kaiser Franz von Österreich und Max Joseph I. von Bayern
Forstamt: Kreuth
Standort: am Leeberg oberhalb Tegernsee
Literatur: Fr.

295 Tanne bei Obergschwendt

Baumart: Tanne
Alter: ca. 300 Jahre
Höhe: 45 m Krone: 8 m
Umfang: 440 cm
Besonderheiten: verlichtete Krone, Immissionsschäden
Forstamt: Schliersee
Standort: im Nordwesten von Obergschwendt in Wegnähe, ca. 20 m im Bestand

296 Gerichtslinde in Warngau

Baumart: Linde
Alter: 300-400 Jahre
Höhe: 20 m Krone: 15 m
Umfang: 560 cm
Besonderheiten: Winterlinde innen hohl, mehrere mächtige Arme fast senkrecht
Forstamt: Schliersee
Standort: am Dorfbach, nahe dem Anwesen Altwirt

297 Linde vor der Kirche in Valley

Baumart: Linde
Alter: ca. 300 Jahre
Höhe: 18 m Krone: 11 m
Umfang: 600 cm
Besonderheiten: Sommerlinde, teilweise hohl und morsch
Forstamt: Schliersee
Standort: vor dem Eingang der Kirche in der Ortsmitte von Valley

Regierungsbezirk Schwaben
Donau-Ries

298 Müllerlinde in Megesheim

Baumart: Linde
Alter: über 800 Jahre
Höhe: 16 m Krone: 14 m
Umfang: 830 cm
Besonderheiten: Aus dem Inneren sprießen junge Triebe; verwachsene Rinde außen und innen; Linde der ehemaligen Mühle bis 1863
Forstamt: Monheim
Standort: in Megesheim, Anwesen Mühlenweg 14

299 Starke Esche bei Hafenreut

Baumart: Esche
Alter: ca. 135 Jahre
Höhe: 30 m Krone: 13 m
Umfang: 350 cm
Besonderheiten: stark bekronter Solitärbaum
Forstamt: Kaisheim
Standort: in der Staatswaldabt. Brandweg II 5, ca. 500 m östlich der Straße Buchdorf – Hafenreut

300 Gerichtslinde vor der Burg Graisbach

Baumart: Linde
Alter: über 1000 Jahre
Höhe: 17 m Krone: 25 m
Umfang: 800 cm
Besonderheiten: markanter Standort; Baum hohl, ausgemauert, Äste z. T. abgebrochen; Burgruine zu besichtigen, davor weitere Altlinden und Lindenallee
Forstamt: Kaisheim
Standort: vor der Burg

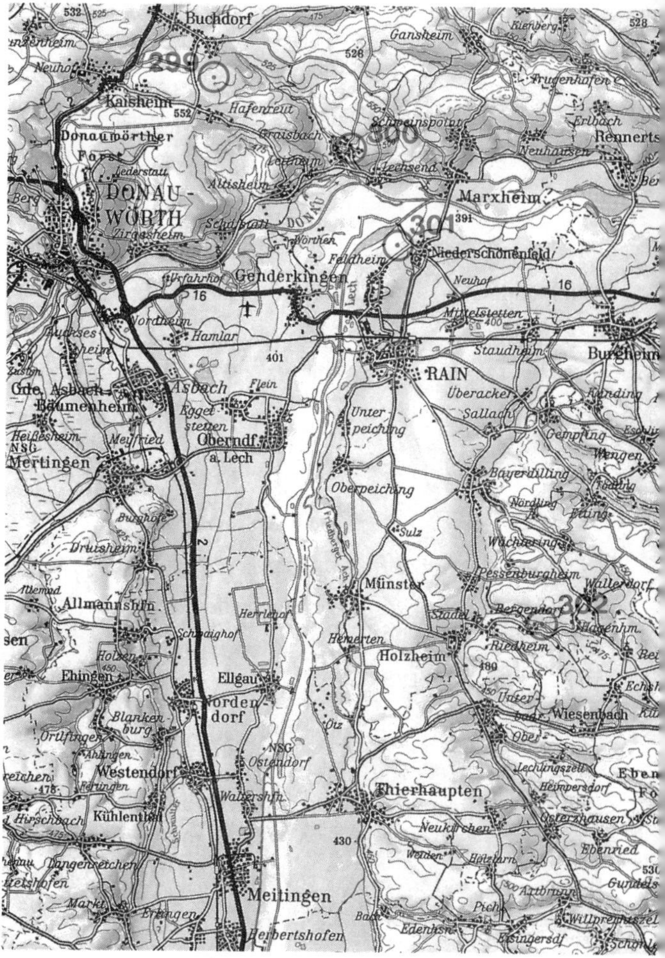

Buchdorf
Gansheim
299
Kaisheim
Hafenreut
Graisbach
300
Schweinspoint
Trugenhofen
Erlbach
Rennerts
Neuhausen
Lechsend
Leitheim
Altisheim
Donauwörther
Forst
DONAU-
WÖRTH
Zirgesheim
Schäfstall
DONAU
Marxheim
301
Niederschönenfeld
Wörthen
Feldheim
Genderkingen
Neuhof
16
Mittelstetten
Nordheim
Hamlar
Staudheim
Burgheim
401
RAIN
Gde. Asbach-
Bäumenheim
Asbach
Flein
Überacker
Eggelstetten
Unter-
peiching
Sallach
Gempfing
Oberndf.
a. Lech
Heißesheim
NSG
Mertingen
Wengen
Bayerdilling
Oberpeiching
Nördling
Sulz
Druisheim
Münster
Pessenburgheim
Wallerdorf
302
Allmannshfn.
Herrlehof
Bergendorf
Hagenhm.
Schwaighof
Hemerten
Holzheim
Riedheim
Ehingen
Ellgau
Norden-
dorf
Unter-
bach
Wiesenbach
Blanken-
burg
Ötz
Ober-
Oritfingen
Westendorf
NSG
Ostendorf
Lechlingszell
Thierhaupten
Heimpersdorf
Kühlenthal
Neukirchen
Osterzhausen
430
Weiden
Hölzlarn
Ebenried
Langenreichen
Meitingen
Aitbrunn
Gundels
Markt
Erlingen
Pichl
Herbertshofen
Edenhsn.
Eisingersdf
Willprechtszell

301 Ulme bei Feldheim

Baumart: Ulme
Alter: ca. 140 Jahre
Höhe: 28 m Krone: 20 m
Umfang: 350 cm
Besonderheiten: schlechter Gesundheitszustand, Flatterulme
Forstamt: Kaisheim
Standort: im Feld, an der Verbindungsstraße Niederschönenfeld; Feldheim

302 Linde in Bergendorf

Baumart: Linde
Alter: 200 Jahre *
Höhe: 20 m Krone: 28 m
Umfang: 410 cm
Besonderheiten: Stamm teilt sich in 3 m Höhe in eine weitausladende Krone auf, die die Kapelle behütet; Winterlinde, gepflanzt 1806
Forstamt: Dillingen
Standort: vor der Kapelle

303 Linde bei Buttenwiesen

Baumart: Linde
Alter: ca. 300 Jahre
Höhe: 30 m Krone: 13 m
Umfang: 200 cm
Besonderheiten: ehemals 3 Linden, 2 Bäume vom Sturm gebrochen; Winterlinde
Forstamt: Dillingen
Standort: südlich der Bartelstockschweige im Feld, nördlich von Buttenwiesen

304 Eiche bei Gundelfingen

Baumart: Eiche
Alter: 200-250 Jahre
Höhe: 20 m Krone: 22 m
Umfang: 340 cm
Besonderheiten: markanter Baum
Forstamt: Dillingen
Standort: am Wanderparkplatz, westlich von Gundelfingen

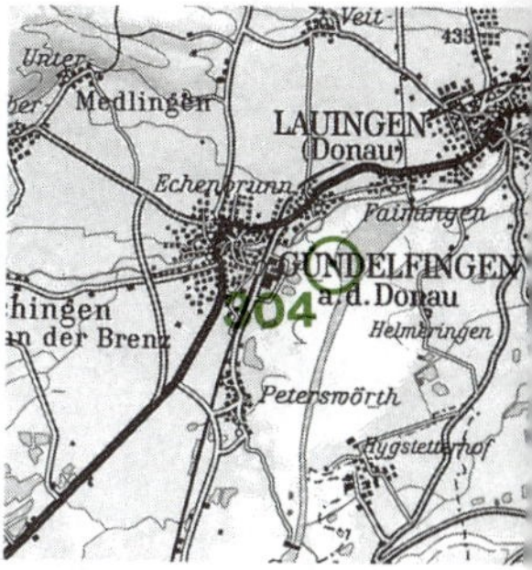

Lauterbrunn
Lützelburg
305
Eppishofen
Welden
Heretsried
Gablingen
Reutern
Bonstetten
576
Holzhausen
Großer Wald
Batzenhofen
Adelsried
Hirblingen
A 8 E 52
Horgau
Bieselbach
Biburg
Lindach
Rommelsried
Willishsn
Kutzenhsn
Leitershofen
Wellenburg
Bergheim
Inningen
Bannacker
Oberschönenfeld
Margertshausen
Fischach
Burgwalden
BOBINGEN
Willmatshofen
Döpshofen
Straßberg
579
Tronetshofen
Kreuzanger
Siegertshofen
Heinhartshausen
515
Waldberg
Hardt
Wehringen
Mickhausen
Reinhartshofen
Oberottmarshsn.
307
Münster
Guggenberg
Großaitingen
Kleinaitingen

305 Buche bei Lützelburg

Baumart: Buche
Alter: ca. 200 Jahre
Höhe: 30 m Krone: 25 m
Umfang: 95/105 cm
Besonderheiten: starker Baum, der sich in 1 m Höhe in 2 Stämme aufteilt
Forstamt: Biburg
Standort: neben der Muttergotteskapelle im Privatwald bei Lützelburg

306 Schöne Buche bei Streitheim

Baumart: Buche
Alter: ca. 200 Jahre
Höhe: 25 m Krone: 20 m
Umfang: 430 cm
Forstamt: Zusmarshausen
Standort: am Streitheimer Sträßchen, westlich von Streitheim

307 Linde bei Klimmach

Baumart: Linde
Alter: ca. 200 Jahre
Höhe: 16 m Krone: 14 m
Umfang: 320 cm
Forstamt: Schwabmünchen
Standort: »Draußen am Kranz am Birkacher Weg« (zwischen den Stadtteilen Klimmach und Birkach auf einem Riedelrücken inmitten der Feldflur am Feldkreuz)

308 Eiche bei Haberskirch

Baumart: Eiche
Alter: 300-400 Jahre
Höhe: 28 m Krone: 20 m
Umfang: 350 cm
Besonderheiten: voll bekronter Solitär, stark geschwungene Äste
Forstamt: Aichach
Standort: am Waldrand an der Straße nach Bitzenhofen nördlich der Autobahn

309 Lyra-Kiefer bei Pichl

Baumart: Kiefer
Alter: 150-200 Jahre
Höhe: 31 m Krone: 16 m
Umfang: 450 cm
Besonderheiten: Ab 4 m Höhe teilt sich der Stamm in 4 lyraförmige Stämme
Forstamt: Aichach
Standort: am Weg von Pichl nach Weiden im Wald

310 Leipheimer Linde

Baumart: Linde
Alter: 600-800 Jahre
Höhe: 28 m Krone: 30 m
Umfang: 1000 cm
Besonderheiten: ehem. Thingstätte,

vielleicht eine der markantesten und ältesten Linden der Region
Forstamt: Stadtforstamt Leipheim
Standort: 500 m südlich des Stadtbereiches Grockelhofen

311 Napoleon-Linde in Kissendorf

Baumart: Linde
Alter: ca. 300 Jahre
Höhe: 23 m Krone: 20 m
Umfang: 360 cm
Besonderheiten: Heerlager von Napoleon
Forstamt: Autenried
Standort: an der Straße Bühl – Klein Kissendorf, vor dem Dorfeingang

312 Esche bei Weißingen

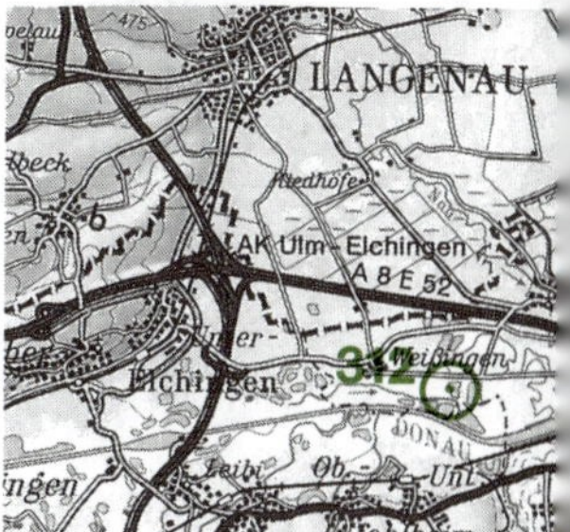

Baumart: Esche
Alter: 170 Jahre
Höhe: 28 m Krone: 15 m
Umfang: 345 cm
Besonderheiten: Angeblich soll hier ein Leipheimer Stadtvogt erschossen worden sein
Forstamt: Weißenborn
Standort: südlich von Weißingen an einer Wegegabel

313 Norbertlinde in Roggenburg

Baumart: Linde
Alter: 700-800 Jahre
Höhe: 27 m Krone: 22 m
Umfang: 930 cm
Besonderheiten: Kronenbildung durch 6 starke Äste ab etwa 2,5 m Höhe
Forstamt: Weißenborn
Standort: am Ortsrand von Roggenburg, an der Kapelle
Literatur: Fr., St.

314 Linde in Osterberg

Baumart: Linde
Alter: 173 Jahre *
Höhe: 19 m Krone: 25 m
Umfang: 360 cm
Besonderheiten: Osterberger Heimatlied, Pflanzung im Oktober 1817, Winterlinde
Forstamt: Illertissen
Standort: im Schloßhof

315 Ulme bei Schrattenbach

Baumart: Ulme
Alter: 200-300 Jahre
Höhe: 25 m Krone: 20 m
Umfang: 700 cm
Besonderheiten: Solitär
Forstamt: Ottobeuren
Standort: freistehend neben dem Schilcherhof

Schrattenbach
Untrasried
Altusried
Dietmannsried
Probstried
Haldenwang
Lauben
Wildpoldsried
Wiggensbach
Betzigau
KEMPTEN (Allgäu)
Durach
Buchenberg
Waltenhofen
Sulzberg
Moosbach
Martinszell
Vorderburg
Wertach
Unter-
maiselstein
316
317
318
319
320
321

316 Kastanie bei der Kapelle in Käsers

Baumart: Kastanie
Alter: ca. 250 Jahre
Höhe: 30 m Krone: 18 m
Umfang: 400 cm
Besonderheiten: benachbarte Kapelle – ein Barockdenkmal – 1726 erbaut, Roßkastanie
Forstamt: Kempten
Standort: neben der Kapelle in Käsers, Gemeinde Dietmannsried

317 Tanne bei Unterkürnach

Baumart: Tanne
Alter: ca. 350 Jahre
Höhe: 48 m Krone: 12 m
Umfang: 430 cm
Besonderheiten: Der Baum war vor 50 Jahren zu stark, um gefällt zu werden, die Säge reichte nicht aus
Forstamt: Kempten
Standort: in der Staatswaldabteilung 18-2-b-3 Hellen, unweit der Roßweid-Tobels-Kote 840 m; in der Umgebung 50jähriges Fichten- und Buchen- Stangenholz

318 Pfarrbuchen in Wildpoldsried

Baumart: Buche
Alter: ca. 200 Jahre
Höhe: 25 m Krone: 20 m
Umfang: 350 cm
Forstamt: Kempten
Standort: Ortsmitte Wildpoldsried, nahe der Pfarrkirche im Garten des Kindergartens

319 Gerichtslinde in Durach

Baumart: Linde
Alter: ca. 500 Jahre
Höhe: 20 m Krone: 10 m
Umfang: 500 cm
Besonderheiten: soll eine Gerichtslinde sein, unter der Niedergericht gehalten wurde
Forstamt: Kempten
Standort: im Garten des Pfarrhofes

320 Esche bei Öschle

Baumart: Esche
Alter: ca. 200 Jahre
Höhe: 23 m Krone: 18 m
Umfang: 510 cm
Besonderheiten: Die Esche ist vierstämmig und hat dem Ort vermutlich den Namen gegeben
Forstamt: Kempten
Standort: an der Straße von Öschle nach Gstadt, westlich des Sulzberger Sees, im Feld

321 Alte Eiche bei Öschle

Baumart: Eiche
Alter: ca. 300 Jahre
Höhe: 21 m Krone: 16 m
Umfang: 435 cm
Besonderheiten: locker bekronter Solitär mit ausladenden Ästen
Forstamt: Kempten
Standort: östlicher Ortsrand von Öschle, beim Gasthof Seerose in der Nähe des Sulzberger Sees

322 Fichte bei Sibratshofen

Baumart: Fichte
Alter: ca. 200 Jahre
Höhe: 25 m Krone: 18 m
Umfang: 420 cm
Besonderheiten: Wetterfichte auf ehemaliger Viehweide
Forstamt: Immenstadt
Standort: nördlich der Straße von Sibratshofen nach Wilhams

323 Eibe im Bärgündletal

Baumart: Eibe
Alter: ca. 1000 Jahre
Höhe: 10 m Krone: 7 m
Umfang: 350 cm
Besonderheiten: Der Baum ist innen hohl, an der Südseite morsch, im Nordteil relativ gesund
Forstamt: Sonthofen
Standort: Hindelang nach Hinter-

stein, mit Bus nach Giebelhaus, Wanderung 2,5 km auf asphaltierter Fahrstraße bis zur Talstation des Seilaufzuges zum Luitpoldhaus, 100 m aufwärts neben Forststraße, ca. 250 m nördlich vom Fels zwei weitere kleine Eiben
Literatur: Fr., Go., St.

324 Eibe oberhalb Balderschwang

Baumart: Eibe
Alter: 1000-2000 Jahre
Höhe: 9 m Krone: 7 m
Umfang: 700 cm
Besonderheiten: wie zwei einzelne Stämme von Sturm und Schnee zerfetzt, am Boden noch miteinander verbunden; soll ein mächtiger Stamm gewesen sein, jetzt innen hohl u. morsch, aber voll benadelt, mit frischen Trieben
Forstamt: Sonthofen
Standort: Südausgang des Dorfes, 300 m bergaufwärts allein auf einer Alm
Literatur: Fr., Go.

325 Linde in Lindenberg

Baumart: Linde
Alter: ca. 400 Jahre
Höhe: 20 m Krone: 14 m
Umfang: 550 cm
Besonderheiten: innen stark ausgehöhlt; Winterlinde
Forstamt: Immenstadt
Standort: bei der Marienkapelle an der Hauptstraße in Lindenberg

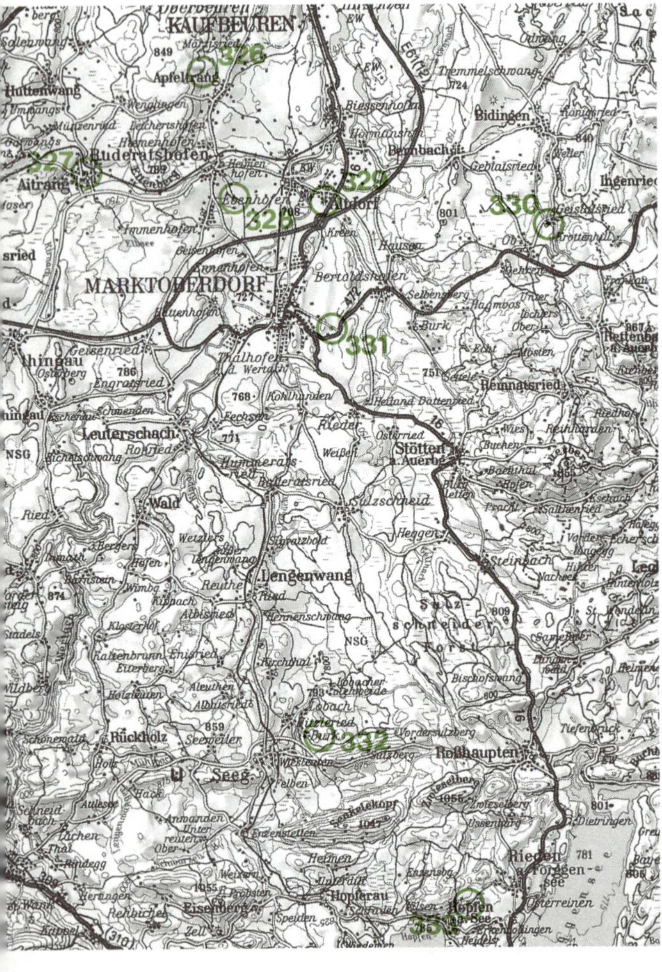
KAUFBEUREN
326
Apfeltrang
Huttenwang
Bidingen
Bernbach
Ruderatshofen
327
Aitrang
328
329
Altdorf
330
Ihgenried
MARKTOBERDORF
331
Leuterschach
Stötten a. Auerberg
Remnatsried
Wald
Lengenwang
Steinbach
332
Rückholz
Seeg
Roßhaupten
Rieden
Forggensee
Hopferau
Eisenberg
Hopfen
333

326 Mammutbaum bei Apfeltrang

Baumart: Sequoia
Alter: 109 Jahre *
Höhe: 35 m Krone: 8 m
Umfang: 300 cm
Besonderheiten: Letztes Exemplar einer Gruppe von 13 Bäumen, die ein Apfeltranger Bürger im Jahre 1880 aus Kalifornien mitgebracht hat
Forstamt: Kaufbeuren
Standort: Waldrand, 1,5 km nordwestlich von Apfeltrang, am Hochwald der ersten Waldblöße

327 Linde in Aitrang

Baumart: Linde
Alter: ca. 300 Jahre
Höhe: 25 m Krone: 15 m
Umfang: 500 cm
Besonderheiten: Solitärbaum von Teerdecke umgeben, innen hohl
Forstamt: Kaufbeuren
Standort: steht auf der Straßenmitte im Zentrum von Aitrang, bei der Kirche

328 Linden auf dem Hungerberg bei Ruderatshofen

Baumart: Linde
Alter: 200-300 Jahre
Höhe: 20/25 m Krone: 15/20 m
Umfang: 450/500 cm
Besonderheiten: dominierende Winterlinden in ansonsten ausgeräumter Landschaft
Forstamt: Kaufbeuren
Standort: am südlichen Hang des Hungerberges, südlich von Ruderatshofen

329 Gerichtslinde bei Altdorf

Baumart: Linde
Alter: ca. 500 Jahre
Höhe: 25 m Krone: 25 m
Umfang: 500 cm
Besonderheiten: Im 15. Jhd. wurde das Dorfgericht gegründet. Bei der heute noch vorhandenen Linde stand das Hochgericht mit Stock und Galgen.
Forstamt: Kaufbeuren
Standort: in der Feldflur 500 m östlich der Kirche von Altdorf, an der B 16

330 Dorflinde in Geislatsried

Baumart: Linde
Alter: ca. 500 Jahre
Höhe: 15 m Krone: 18 m
Umfang: 750 cm
Besonderheiten: sehr starke Winterlinde mit hohlem, mehrteiligem Stamm
Forstamt: Kaufbeuren
Standort: auf dem Dorfplatz in Geislatsried

331 Kurfürstenallee bei Marktoberdorf im Allgäu

Baumart: Linde
Alter: 215 Jahre *
Höhe: 30 m Krone: 18 m
Umfang: 300 cm
Besonderheiten: von Kurfürst Clemens Wenzeslaus im Jahre 1774 pflanzen lassen, von 670 stehen noch ca. 400 Bäume
Forstamt: Kaufbeuren
Standort: Marktoberdorf, auf 2 km Länge vom Schloß in südöstlicher Richtung zum sogenannten Tempel

332 Eibe an der Alm Beichelstein bei Seeg

Baumart: Eibe
Alter: 800-1000 Jahre
Höhe: 10 m Krone: 8 m
Umfang: 250 cm
Besonderheiten: Stamm teilt sich nach 1 m in vier senkrecht wachsende Stämme
Forstamt: Füssen
Standort: Hangkante, 5 m von der Alm entfernt

333 Wundertanne bei Rohrbach

Baumart: Fichte
Alter: 100-200 Jahre
Höhe: 10-12 m Krone: 6 m
Umfang: 240 cm
Besonderheiten: Der Fichtenhauptstamm teilt sich in 2 m Höhe in 3 senkrechte Stämme, die sich wieder in senkrechte Triebe aufgliedern, daneben 7 Sämlinge; Habitus einer Zuckerhutfichte ähnlich.
Forstamt: Füssen
Standort: von Hopfen Richtung Hopfer Wald, 100 m westlich des Rohrweiler Baches im Wald

Parks und Gärten in Bayern

1. Staatliche Hofgärten, Schloßparks und Gartenanlagen:

Name:	Entstehungszeit	Größe in ha:
Park Schönbusch Aschaffenburg	1775–89	ca. 168
Hofgarten Veitshöchheim	1702-21 und 1763-79	ca. 12
Hofgarten Würzburg	1756-93	ca. 9
Hofgarten Eremitage	1718-19 und 1736-53	ca. 46
Park Fantaisie	1756-65	ca. 17
Burggarten Nürnberg		
Schloßpark Ellingen		
Hofgarten Schleißheim	1683–1726	ca. 78
Englischer Garten München	1788-92 und 1804-23	ca. 372
Schloßpark Nymphenburg	1701-04 1714-26 1801-24	ca. 229

Besonderheiten:

kleine Schönbuschallee, 1775 Maulbeerbäume, 1843 Pappeln, 1860 Robinien und Linden

Insel mit exotischen Bäumen

Aufteilung in Wald-, Lauben- und Seenregion, Lindenallee aus 1774, Platanen und Weiden aus 1825

Laubengänge aus Maulbeerbäumen, Hartriegel und Lärchen, 200jährige pyramidenförmig geschnittene Eiben, Kirschbaumallee

Alleen und Laubengänge mit Hainbuchen

Einzelexemplare von Buche, Eiche, Ahorn, Linde und Ulme, Magnolien, Trompetenbaum, Gätterbaum

Rosenquartier mit Schnurbäumen umstellt, Baumrondell aus Feldahorn, früher im Innenhof Kunigundenlinde, Lindendom von 1724

bizarre Einzelexemplare

Kastanien / Linden-Allee

zahlreiche Einzelbäume und Baumgruppen, alte Parkstraße

Lindenallee 1730, Irrgarten

2. Nationalparks

Name:	Entstehungszeit:	Größe in ha:
Nationalpark Bayerischer Wald	1970	13 000
Nationalpark Berchtesgaden	1978	20 400

3. Weitere öffentliche Parks und Gärten

Name:	Entstehungszeit:	Größe in ha:
Lindau Toskana Park		
Lindau Parkanlage Lindenhof	1840 im engl. Stil	
Augsburg Wallanlagen	1754 – 1806 Baumpflanzung	16,8
Kleinheubach Schloßpark	Mitte 17. Jahrh.	
Alzenau Wasserlos Schloßpark		4,0
Nürnberg Stadtpark		19,0
Hallerwiese	1434	

Besonderheiten:
Fichtenhochlagenwälder und Bergmischwälder im Bayerischen Wald
Königssee, Bergmischwälder, hochgelegene Fichten/Lärchen-Bestände und Zirben

Besonderheiten:	Eigentümer:
Entstanden unter König Ludwig II., gepflegter alter Baumbestand	Stadt Lindau
gepflegter alter Baumbestand mit seltenen Arten	Stadt Lindau
1754 sind urkundlich nachgewiesen die Alleen entstanden	Stadt Augsburg
schützenswerter Erholungspark mit altem Baumbestand	Fürst zu Löwenstein
Engl. Garten als Arboretum anzusehen mit vielen, auch seltenen Bäumen wie Mammutbaum, Sumpfzypressen, Ginkgo biloba	Kreis Aschaffenburg
alter Baumbestand	Stadt Nürnberg
ist die älteste öffentliche Grünanlage, alter dendrologisch wertvoller Baumbestand	Stadt Nürnberg

Name:	Entstehungszeit:	Größe in ha:
Hof Stadtpark Theresienstein	erste Anlage 1817	62,0
Coburg Hofgarten	ab 1680	
Regensburg Alleen	1779 -81	25,0
Regensburg Dörnbergpark	1855 -56	7,5
Bernried Landschaftspark am ehem. Kloster		77,5
Tutzing Englischer Garten Kustermannpark		
Eichstätt Willibaldsburg ehem. Hortus Eystettensis	1561 – 1629	
Beilngries Schloß Hirschberg Park	1760 -65	

Besonderheiten:	Eigentümer:
seit 1817 ständig erweitert, alter Baumbestand	Stadt Hof
ab 1680 im französ. Stil, erste Erweiterung 1816/17 im engl. Stil, 1832/33 Ausdehnung bis zum Schloßplatz	Stadt Coburg
angelegt durch Fürst Anselm v. Thurn und Taxis, Alleengürtel umschließt die Altstadt vom Herzogspark bis Villapark, alter Baumbestand	Stadt Regensburg
Erholungspark mit dendrologischen Seltenheiten	Gräfl. v. Dörnbergsche Stiftung
Waldpark, alter Baumbestand, vor allem Rotbuchen	Kuratorium der Wilhelmina Boosch-Wood-Stiftung
Erholungspark, wertvoller gepflegter Baumbestand	Gemeinde Tutzing
Gestaltung des Arboretums durch den Apotheker Basilius Besler, typisch botanischer Garten der Renaissance	
alter Baumbestand	Diözese Eichstätt

4. Private Parks und Gärten
(Der Besuch bedarf der Zustimmung der Eigentümer, wenn nicht Besuchszeiten öffentlich angekündigt sind).

Name:	Entstehungszeit:	Größe in ha:
Kammeltal Klostergarten Wettenhausen	ab 1680	
Laudenbach Schloßpark	Ende 17. Jahrh.	
Prüfening Schloßpark	etwa 1600	
Schloßpark von Thurn und Taxis	etwa 1800	
Wiesenfelden Schloßgarten		

Besonderheiten:	Eigentümer:
alter Baumbestand	Kloster
wertvoller alter Baumbestand	Freifrau von und zu Aufseß
alter Baumbestand, Seltenheiten, stark verwildert	v. Thurn und Taxis
gut gepflegter Park mit altem Baumbestand	v. Thurn und und Taxis
alte Bäume, Biotope unter Naturschutz, Bildungswerk des Bundes für Naturschutz in Bayern	H. Weinzierl

Hilfe für alte Bäume

Untersuchungen haben gezeigt, daß das Wurzelwachstum der Altbäume von Natur aus schwächer ist und durch die zunehmende Versauerung der Böden zusätzlich stark beeinträchtigt wird. Hinzu kommt, daß alte Bäume ein tiefes Wurzelwerk besitzen, das bis in den Unterboden reicht. Gerade hier sind die Schadstoffe besonders konzentriert. Die Wurzeln im tieferen Bereich verkümmern und können so einen Großteil ihrer Funktionen nicht mehr erfüllen. Die Folge: Viele alte Bäume sterben frühzeitig.
Hilfe muß vor allem bei der Bodenverbesserung ansetzen. Im Anschluß an eine eingehende Bodenanalyse sind Wurzelraumbelüftung, Düngung, Erhöhung der Wasserspeicherfähigkeit und teilweise Bepflanzung des Traufbereiches die wichtigsten Maßnahmen.

Die Sorge um die alten Bäume führte am 7. Februar 1988 zur Gründung des Kuratoriums Alte liebenswerte Bäume in Deutschland e. V. Ziel des Kuratoriums ist die Rettung und Erhaltung alter liebenswerter Bäume, unseres

Waldes und unserer Natur. Das Kuratorium arbeitet dabei eng mit der »Schutzgemeinschaft Deutscher Wald« zusammen.
Maßnahmen zur Rettung alter Bäume können durch persönliche, gemeinsame und öffentliche Baumpatenschaften eingeleitet werden. Das Kuratorium veranlaßt eine Bodenuntersuchung, das Freistellen des Baumes, Belüftung des Wurzelraums und Düngung in verschiedenen Tiefen und – wenn nötig – chirurgische Eingriffe.

Im nebenstehenden Bild ist eine Wurzelbehandlung schematisch dargestellt.

Werden Sie Baumpate, wenden Sie sich an das Kuratorium.

Ortsregister mit den Nummern der Bäume

Abtsgreuth: 106
Achenstauden: 241
Adling: 262
Aholfing: 179, 180
Ahorn: 69
Ainhofen: 268
Aitrang: 327
Albertshausen: 16
Algersdorf: 129
Alm Beichelstein: 332
Altdorf: 136, 329
Altensittenbach: 130
Altheim: 109
Altmannstein: 205
Altmugl: 143
Altstetten: 271
Apfeltrang: 326
Arndorf: 222
Aschau: 256
Attenhofen: 185
Auerbach: 155
Aufhausen: 186
Aurach: 120
Bad Brückenau: 18, 19, 20, 21
Bad Kissingen: 11, 12
Bad Kohlgrub: 281
Balderschwang: 324
Bamberg: 94
Bärental: 77
Bärgründletal: 323
Bayerisch Eisenstein: 174
Bayerischer Nationalpark: 191, 192
Beratzhausen: 170
Berchtesgaden: 248, 249
Berg: 288
Bergendorf: 302
Bernstein: 72
Betzenstein: 90
Bielhof: 178
Birklingen: 51
Birnbach: 201
Bischofsheim: 2
Bischofsreut: 196
Bischofswiesen: 244
Bitzenhofen: 308
Bösenbechhofen: 104
Breitholz: 31
Buch: 161
Büchenbach: 87
Bullenheim: 112
Burg Erberhausen: 291
Burg Graisbach: 300
Burg Haag: 232
Burgsinn: 27
Burkardroth: 4
Buttenwiesen: 303
Coburg: 68
Collenberg: 43
Creez: 83
Dechantsees: 147
Dietmannsried: 316
Dirlesried: 274
Dörnhof: 85
Durach: 319
Dürnbach: 290
Ebenhausen: 13, 14
Eberhausen: 291
Eberstetten: 220
Ebrach: 96
Eckeltshof: 157
Edelsfeld: 154
Edenholzhausen: 268
Effeltrich: 100
Eggenfelden: 203

Ehingen: 118
Eichelsdorf: 22
Eisingen: 48
Eisolzried: 272
Elmau: 286
Engelthal: 132, 133, 134
Erbendorf: 151
Erding: 224
Ergolding: 187
Eschelbach: 218
Eschenlohe: 284
Etting: 280
Etzelwang: 156
Eußenheim: 31
Faulbach: 44
Fechenbach: 43
Federhof: 169
Feldheim: 301
Feldkirchen: 212
Fellen: 27
Fischbach: 61, 137, 163
Fitzendorf: 24
Forkendorf: 82
Forstleithen: 79
Frath: 173
Frauenchiemsee: 239
Fronau: 164
Fronberg: 160
Füttersee: 52
Gaißach-Wetzl: 289
Gammersfeld: 210
Garmisch-Partenkirchen: 286
Gars-Lengmoos: 233
Gefäll: 5
Geiselfeldwinden: 215
Geisenfeld: 216
Geisenhausen: 219
Geislatsried: 330
Gerolfingen: 211
Gessenreuth: 195
Gleussen: 70
Glonn: 262
Gmund-Finsterwald: 290
Godelsberg: 39
Göggelsbuch: 123
Goßmannsdorf: 23, 24
Gotzendorf: 168
Grafenaschau: 282
Gramsam: 237
Grassau: 243
Greising: 189
Grettstadt: 26
Gries: 201
Griesstätt: 251
Großbüchlberg: 145
Grub: 141, 142
Grünsberg: 139
Gspannberg: 140
Gundelfingen: 304
Guperding: 253
Guttenberg: 150
Guttenberger Wald: 49
Haberskirch: 308
Hafenreut: 299
Hals: 194
Halsbach: 30
Hasloch: 44
Hendungen: 1
Herrieden: 115
Hindelang: 323
Hochbrück: 265
Hofham: 252
Hög: 214
Högling: 254

Hohenberg: 114
Hohenhard: 146
Holzkirchhausen: 47
Iffelsdorf: 159
Ilmberg: 221
Ingolstadt: 211
Iphofen: 51
Isen: 227, 228
Isling: 76
Itzling: 223
Jacking: 198
Jakobrettenbach: 225
Kaibitz: 149
Kasberg: 99
Käsers: 316
Kasing: 208
Kelheim: 181
Kelheim-Herrnsaal: 182, 183
Kersbach: 127
Kesselberg: 207
Kissendorf: 311
Klaus: 229
Kleinsteinach: 25
Klimmach: 307
Klöcklein: 71
Kloster Banz: 73
Klosterlangheim: 75
Knellendorf: 54, 55
Kochel: 287
Kößnach: 178
Kraiburg am Inn: 234, 235
Krautostheim: 111
Kreuth: 292, 293
Kreuz: 263
Kreuzwertheim: 35
Krondorff: 169
Kühsee: 23
Lammelbach: 116
Landsberg: 276
Längenau: 101, 102
Langenbach: 71
Langenbruck: 214
Lauterbach: 273
Lehndobl: 202
Lehrberg: 113
Leipheim: 310
Lichtenfels: 70, 75, 76
Limmersdorf: 79, 80
Linden: 279
Lindenberg: 325
Lützelburg: 305
Mädelhofen: 45
Mähring: 143
Maria Gern: 245, 246
Marienbrunn: 32
Markt Schwaben: 257, 258
Marktoberdorf: 331
Marterberg: 199
Marxheim: 300
Massbach: 8
Megesheim: 298
Michelrieth: 33
Mischelbach: 125
Mitwitz: 56
Möhrendorf: 105
Mönchröden: 65, 66
Moosach: 259
Mühldorf: 232
Münchsteinach: 107
Münnerstadt: 7
Nedensdorf: 70
Neualbenreuth: 144
Neubanz: 73
Neudrossenfeld: 78

Neufahrn: 226
Neukirchen: 162, 166
Neukirchen a. Sand: 126
Neureichenau: 197
Neustädtlein: 81
Niederndorf: 172
Niederschönenfeld: 301
Nordhalben: 53
Nüdlingen: 9
Ober-Roth: 271
Obergschwendt: 295
Obermarbach: 267
Oberpframmen: 260, 261
Obersalzberg: 247
Oberschönau: 249
Obersteinach: 97
Ohlstadt: 283
Öschle: 320, 321
Osterberg: 314
Ottersdorf: 205
Parkstetten: 178
Partenstein: 28, 29
Pastetten: 258
Paterzell: 278
Pemmering: 230
Pichl: 309
Pödeldorf: 93
Polling-Etting: 280
Pondorf: 206
Poppenreuth: 146
Pottenstein: 86
Puch: 275
Puchhof: 179
Pullenreuth: 146
Raitenberg: 128
Ramsau: 250
Ramsthal: 14
Ränkam: 165
Reichgreissel: 233
Reinstorf: 263
Reistenhausen: 42
Reit: 231
Reith: 17
Reutern: 200
Ried: 167
Rödental: 67
Roggenburg: 313
Rohrbach: 333
Rohrbrunn: 40
Rollhofen: 126
Roßbrunn: 45
Rossfeld: 64
Roth: 115
Rottenstein: 22
Rottershausen: 10
Ruckowitzschachten: 175
Ruderatshofen: 328
Rügheim: 25
Ruhpolding: 242
Rüttmannsdorf: 65
Sailaufer Forst: 37
Saltendorf: 158
Sauerlach: 266
Schafhof: 69
Schaufling: 190
Scheuereck: 176
Schloß Frhr. von Aufsess: 84
Schloß Haus: 171
Schloß Nagel: 59
Schloßpark Linderhof: 285
Schmalwasser: 3
Schmarnzell: 269
Schmölz: 57
Schnittling: 122

Schöllkrippener Forst: 36
Schönau: 248
Schrattenbach: 315
Schwanenbach: 72
Schwarzenreuth: 148
Seeg: 332
Seeon: 238
Sehensand: 213
Seibelsdorf: 62, 63
Sibratshofen: 322
Sluzberg: 320
Spalt: 124
Spies: 91
St. Oswald: 193
St. Valentin in Zell: 242
St. Wolfgang: 229
Stadel: 119
Stadtprozelten: 41
Stalldorf: 50
Stangenroth: 4
Steinach: 3
Steinwiesen: 53
Stierberg: 89
Stillern: 276
Streitheim: 306
Sugenheim: 110
Sulzberg: 321
Sulzheim: 26
Surberg: 240
Süß: 153
Talmassing: 171
Tegernbach: 217
Tegernsee: 294
Teuchatz: 92
Thalheim: 131
Tiefenstürmig: 98
Tittmonig: 237
Trieb: 74
Troschenreuth: 88
Tüschnitz: 58
Unterhaidelbach: 135
Unterholzen: 204
Unterkürnach: 317
Unternesselbach: 108
Unterwittbach: 34
Unterwoltersgrün: 103
Üschersdorf: 23
Üttingen: 46
Uttobrunn: 188
Valley: 297
Vohenstrauß: 152
Waiganz: 90
Waldaschaff: 38
Waldbrunn: 48
Walsdorf: 95
Wang: 236
Warngau: 296
Wasserzell: 209
Weiden: 309
Weidnach: 241
Weihenlinden: 255
Weiltingen: 117
Weißingen: 312
Wernfels: 121
Wessobrunn: 277
Wiesenfelden: 177
Wiessee: 291
Wildenberg: 60, 184
Wildensorg: 94
Wildpoldsried: 318
Wilhams: 322
Wind: 258
Winkelhaid: 138
Wittershausen: 15
Wollomoos: 270
Wunkendorf: 77
Zinneberg: 264
Zorneding: 259
Zwiesel: 175

Literaturhinweise

Die Literaturhinweise beziehen sich auf die Abkürzungen im Katalogteil unter der Rubrik »Literatur«.

Schlösserland Bayern
Band 3, 1987 — **Ba.** Bayerisches Staatsministerium der Finanzen

Alte liebenswerte Bäume in Deutschland, Hamburg 1989 — **Fr.** Fröhlich, H. J.

Unsere Baumveteranen,
Hannover 1981 — **Go.** Goerss, H.

Naturdenkmale im Landkreis Nürnberg,
Messel-Verlag Feucht/Ngb. 1957 — **E.** Eckardt, F.

Die größten, ältesten oder sonst merkwürdigen Bäume Bayerns in Wort und Bild.
München 1900.
Fortgeführt und bearbeitet von Reuss, J., München 1922 — **St.** Stützer, F.

Erfassung der historischen Gärten und Parks in der Bundesrepublik Deutschland, Schriftenreihe des Deutschen Heimatbundes, Band 3, 1988 — **DH.** Deutscher Heimatbund

Wenn Sie selbst einen alten Baum kennen, den wir noch nicht aufgeführt haben, dann füllen Sie einfach den beiliegenden Coupon aus und senden ihn an:

Kuratorium Alte liebenswerte Bäume
in Deutschland e.V.
Wandersmannstraße 60
6200 Wiesbaden-Erbenheim

____

(Land)

Name (falls bekannt): ______________________________
(immer mit Ortsangabe z. B. »Kaisereiche bei Landshut«)

Lage:

Regierungsbezirk: ______________________________

Kreis: ______________________________

Forstamt: ______________________________

Gemarkung: ______________________________

Kreis oder kreisfreie Stadt: ______________________________

Beschreibung des Weges zum Baum und Kennzeichnung seines Standortes:

____

____

____

____

Sie können auch einen Kartenausschnitt mit eingezeichnetem Standort einsenden, das erleichtert das Auffinden.

Beschreibung des Baumes:

Alter geschätzt (s) oder gemessen (m): ______________________________

Höhe in Metern geschätzt (s) oder gemessen (m): ______________________________

Umfang in 1,3 m Höhe in Zentimetern: ______________________________

Kronendurchmesser im Mittel in Metern: ______________________

Naturdenkmal (falls bekannt): ja / nein

Eigentümer: ______________________________________

____

Besonderheiten des Baumes: (z. B. vollbekronter Solitär mit auffallend geschwungenen Ästen, Krankheiten)

____

____

Geschichte und Literatur (falls bekannt):

____

____